『通古察今』系列丛书

唐代的天文历法

赵贞 著

河南人民出版社

图书在版编目(CIP)数据

唐代的天文历法 / 赵贞著. —郑州 : 河南人民出版社, 2019. 12(2025. 3 重印)
(“通古察今”系列丛书)
ISBN 978-7-215-12077-8

Ⅰ. ①唐… Ⅱ. ①赵… Ⅲ. ①古历法-研究-中国-唐代 Ⅳ. ①P194.3

中国版本图书馆 CIP 数据核字(2019)第 270909 号

河南人民出版社出版发行
(地址:郑州市郑东新区祥盛街 27 号 邮政编码:450016 电话:0371-65788075)
新华书店经销　　环球东方(北京)印务有限公司印刷
开本　787mm×1092mm　　1/32　　印张　9.25
字数　133 千
2019 年 12 月第 1 版　　2025 年 3 月第 3 次印刷

定价:58.00 元

“通古察今”系列丛书编辑委员会

序言

在北京师范大学的百余年发展历程中，历史学科始终占有重要地位。经过几代人的不懈努力，今天的北京师范大学历史学院业已成为史学研究的重要基地，是国家首批博士学位一级学科授予权单位，拥有国家重点学科、博士后流动站、教育部人文社会科学重点研究基地等一系列学术平台，综合实力居全国高校历史学科前列。目前被列入国家一流大学一流学科建设行列，正在向世界一流学科迈进。在教学方面，历史学院的课程改革、教材编纂、教书育人，都取得了显著的成绩，曾荣获国家教学改革成果一等奖。在科学研究方面，同样取得了令人瞩目的成就，在出版了由白寿彝教授任总主编、被学术界誉为“20世纪中国史学的压轴之作”的多卷本《中国通史》后，一批底蕴深厚、质量高超的学术论著相继问世，如八卷本《中国文化发展史》、二十卷本“中国古代社会和政治研究丛书”、三卷本《清代理学史》、五卷本《历史文化认同与中国统一多民族国家》、二十三卷本《陈垣全集》，以及《历史视野下的中华民族精神》《中西古代历史、史学与理论比较研究》《上博简〈诗论〉研究》等，这些著作皆声誉卓著，在学界产生较大影响，得到同行普遍好评。

除上述著作外，历史学院的教师们潜心学术，以探索精神攻关，又陆续取得了众多具有原创性的成果，在历史学各分支学科的研究上连创佳绩，始终处在学科前沿。为了集中展示历史学院的这些探索性成果，我们组织编写了这套“通古察今”系列丛书。丛书所收著作多以问题为导向，集中解决古今中外历史上值得关注的重要学术问题，篇幅虽小，然问题意识明显，学术视野尤为开阔。希冀它的出版，在促进北京师范大学历史学科更好发展的同时，为学术界乃至全社会贡献一批真正立得住的学术佳作。

当然，作为探索性的系列丛书，不成熟乃至疏漏之处在所难免，还望学界同人不吝赐教。

北京师范大学历史学院

北京师范大学史学理论与史学史研究中心

北京师范大学“通古察今”系列丛书编辑委员会

2019 年 1 月

目　录

前言

中国古代，历代帝王“奉天承运”，治国安邦，无不借助于“天”，故天意、天命、天子诸词与帝王政治紧密关联，而宣示“天命靡常”的天文现象便成为圣王“参政”和教化天下的重要模式与依据，具有经世致用和指导社会实践的功能。在以“天人感应”“天人合一”为知识和思想背景的古代社会中，原本属于自然现象的“天文”却被赋予了特定的社会意义，渗透着浓厚的社会文化功能。特别是异常天象被视为一种灾异，被认为是对君王政治得失的警告。今天看来这虽然是不科学的，但在古代却是上自帝王大臣，下至庶民百姓共同承认的“天人之际”的一种话语模式和解释系统。

英国历史学家屈维廉说："恢复我们祖先的某些真实的思想和感受，是历史家所能完成的最艰巨、最微妙和最有教育意义的工作。"[1] 作为天人关系的一种解释系统，天象预言不仅包含着大量的社会、历史、文化信息，而且还能接近古人"真实的思想和感受"，因而需要我们去了解和认识。唐代社会自然也是如此。另外，天文星占作为宇宙星空和人间帝国之间建立起来的一种固定的认识模式和解释系统，在很大程度上体现或渗透着官方的意识形态。且由于其始终以帝王政治的军国大事为参照，势必要对中古时期的政治、军事、社会文化及祭祀礼仪等方面施加影响，如此构成了帝王神秘政治中必不可少的一环，是皇帝制度的组成部分，因而具有重要的研究价值。

英国科技史专家李约瑟先生说："天文与历法一直是'正统'的儒家之学。"[2] 这是因为儒家通常从"人"的角度或立场出发来解释"天"。换言之，基于儒家强

[1] 何兆武主编，刘鑫等编译：《历史理论与史学理论：近现代西方史学著作选》，商务印书馆，1999，第 632 页。

[2] 〔英〕李约瑟：《中国科学技术史》第 4 卷《天学》，科学出版社，1975，第 2 页。

调的修德、仁政标准，人事活动（特别是帝王将相）可以影响“天文”的变化。人们对天文的探索自然往往从儒家秩序规范中的人事出发。从这个意义来说，两唐书《天文志》《历志》的价值，绝不仅限于天象记录的保存和数理天文学的探讨，天象、历法引发的人事活动事实上提供了一个审视特定社会的绝好角度。换言之，异常天象暴露了当时政治、军事、祭祀以及社会中的各种具体问题，而对这些问题的最终解决，正是史家关注的核心所在。比如《新唐书·天文志》的天象记录中，诸如李唐建国、玄武门之变、李承乾谋反、武则天立为皇后、先天政变、安史叛乱、建中之乱、甘露之变、昭宗迁都及朱全忠篡权等重大事件，都有特定的天象予以警示。不论这种天象警示是否真实抑或后人蓄意制造，都表明天象在帝王政治中起着非同寻常的作用，尤其是在政治斗争的关键时刻，天象的变化似乎象征着天命转移，故在帝王易位、宫廷政变和兵事谋叛中，总会有人从天象的角度来为事变的正常进行寻找合理依据。

我们知道，唐代是历法学得到长足发展的重要时期，尤其是僧一行修撰的《大衍历》和徐昂制定的《宣明历》，分别是唐前期和后期最为精密的历法，因而对后世的历法编撰，以及同期东亚世界历法的发展都有很大影响。表面看来，《新唐书·历志》对唐朝实际行用的九种历法的记载可谓详备，是研究唐代数理天文学及其成就的重要资料。然而仔细推敲，历法学中同样寓有浓郁的“人文”内涵。历法之要“在于候天地之气，以知四时寒暑，而仰察天日月星之行运，以相参合而已”[1]。按照《汉书·艺文志》的理解，历法与天文参合使用，是圣王赖以判断“凶阨之患，吉隆之喜”[2]的知命之术。从内容来说，中国古代历法十分重视日月交食和五大行星运行的推算和预报。毕竟在星象学中，日月交食是被赋予了上天示警意义的重大灾祸，因而受到帝王和历家的高度重视。交食预报与推算的准确与否，往往成为验证历法优劣的重要指标。

另外，五大行星的运行状况，如留、守、顺、逆、伏、见、犯、掩等，对于帝王政治同样具有重要的预言或

[1] 〔宋〕欧阳修、宋祁撰:《新唐书》卷25《历志一》，中华书局，1975，第533页。

[2] 〔汉〕班固撰，〔唐〕颜师古注:《汉书》卷30《艺文志》，中华书局，1964，第1767页。

占卜价值。比如“太白经天”的革命意义，“荧惑守心”隐含的最凶天象，“五星会聚”彰显的最吉天象，等等，在星象学中都备受瞩目。僧一行在《大衍历议·五星议》中说：

夫五事感于中，而五行之祥应于下，五纬之变彰于上。若声发而响和，形动而影随，故王者失典刑之正，则星辰为之乱行；……

汉元鼎中，太白入于天苑，失行，在黄道南三十余度。间岁，武帝北巡守，登单于台，勒兵十八万骑，及诛大宛，马大死军中。

晋咸宁四年九月，太白当见不见，占曰：“是谓失舍，不有破军，必有亡国。”时将伐吴，明年三月，兵出，太白始夕见西方，而吴亡。

永宁元年，正月至闰月，五星经天，纵横无常。永兴二年四月丙子，太白犯狼星，失行，在黄道南四十余度。永嘉三年正月庚子，荧惑犯紫微。皆天变所未有也，终以二帝蒙尘，天下大乱。

后魏神瑞二年十二月，荧惑在瓠瓜星中，一夕忽亡，不知所在。崔浩以日辰推之，曰：“庚午之夕，辛未之朝，天有阴云，荧惑之亡，在此二日。庚午未皆主秦，辛为西夷。今姚兴据咸阳，是荧惑入秦矣。”其后荧惑果出东井，留守盘旋，秦中大旱赤地，昆明水竭。明年，姚兴死，二子交兵。三年，国灭。

齐永明九年八月十四日，火星应退在昴三度，先历在毕；二十一日始逆行，北转，垂及立冬，形色弥盛。魏永平四年八月癸未，荧惑在氐，夕伏西方，亦先期五十余日，虽时历疏阔，不宜若此。

隋大业九年五月丁丑，荧惑逆行入南斗，色赤如血，大如三斗器，光芒震耀，长七八尺，于斗中句巳而行，亦天变所未有也。后杨玄感反，天下大乱。

故五星留逆伏见之效，表里盈缩之行，皆系之于时，而象之于政。政小失则小变，事微而象微，事章而象章。已示吉凶之象，则又变行，袭其常度。不然，则皇天何以阴骘下民，警悟人主哉！[1]

[1]《新唐书》卷27下《历志三下》，第632—633页。

一行不厌其烦地列举了汉隋之际出现的“五星凌犯”及史传占验故事，意在说明五星的运行状况（如盈缩、顺逆、留守）亦是时政的反映，正所谓“王者失典刑之正，则星辰为之乱行”，政事亏失则必有五星乱行，“政小失则小变”，“事章而象章”。若非如此，皇天将何以安定黎民，警示人主呢？由此看来，历法对五星运行规律的探究，同样出于占卜军国大事的目的。在古代中国人的心目中，行星天象对人间的许多重大事务有着直接的指导作用，它们确实能够左右政治、军事等的运作。因此可以说，历法学对日月交食和五星运行状况的探索，从根本上说仍然是服务于星占的需要。[1]

历日，一名历书，它的编造同样要反映历法学“敬授民时”的成果，但与历法行用多年不同，历日每年一造，因而可以说是“形而下”的历法。受材料所限，传世文献保存的唐代历日仅有一件《开成五年历日》。值得庆幸的是，敦煌吐鲁番文书中保存了唐代历日 30 件，这为了解唐代历日的内容与形制提供了宝贵的资

[1] 江晓原:《天学真原》，辽宁教育出版社，1991，第 160 页、第 167 页。

料。这些出土文献表明，历日的颁示力求与规范帝国政治、礼仪活动的“月令”相合拍，因而被赋予了政治和礼仪文化的象征意义，并通过时空秩序的规范向举国天下和藩邦四夷传递出去。自然，对于帝王政治具有实际的指导作用。另外，唐代历日的功能绝不限于“纪日授时”，而是伴随岁时节令的推演，还衍生出许多社会生产、民俗礼仪及选择宜忌方面的内容，这就使得历日呈现出更为丰富多彩的社会历史文化特征。尤其是中唐以后民间流行的具注历日，其中渗透了浓郁的“阴阳杂占”内容，这是编者结合民众的社会生活实际，进而对中古时期的阴阳术数文献进行采摘、撷取和加工的最终结果，并通过历日体现的时间秩序，对人们的日常生活和各种活动(如公务、医疗、农事、丧葬)施加影响，从而达到“决万民之犹豫”的效果。因此，从某种程度上，具注历日丰富多彩的社会文化具有中古社会“百科全书”的象征意义。

以上天文、历法和历日三个层面，就是本书重点关注的问题。论其性质，大体属于天文历法学中的“外史”研究。按照江晓原先生的理解，“内史”主要研究某一学科本身发展的过程，包括重要的事件、成就、仪器、方法、著作、人物等等，以及与此相关的年代问题。“外史”侧重于研究该学科发展过程中与外部环境之间的相互影响和作用，以及该学科在历史上的社会功能和文化性质；而这外部环境可以包括政治、经济、军事、风俗、地理、文化等许多方面。[1] 就天文学而论，1991 年出版的《天学真原》算是关于中国天文学史的第一部外史研究专著，该书对中国古代天学的性质、功能与社会文化的关系作了深入探讨。钮卫星先生也说：“以往的研究几乎都专注于某一专业领域内部，旨在厘清天文学某一领域内部的历史发展脉络。采取外史研究的策略，不仅仅去认识天文学本身的发展历史，更要把天文学当作人类文化中的一种来认识。”[2] 黄一农先生提出了“社会天文学史”的概念，并从星占和择日两个角度出发，“尝试呈现中国传统天文学浓厚的人文精神及其丰富的社会性格”，将科技史与传统历史的研究紧密结合，进而更加具体地“掌握社会天文学史的研究关怀和研究方法”。[3] 无论是“天

[1] 江晓原：《天学外史》，上海人民出版社，1999，第 2 页。

[2] 钮卫星：《天文与人文》，上海交通大学出版社，2011，第 3 页。

[3] 黄一农：《社会天文学史十讲》，复旦大学出版社，2004，第 311 页。

学外史”还是“社会天文学史”，其核心都是对中国古代天文学的“人文”功能及其与政治、社会关系的研究，揭示古代天文学的社会文化属性。从这个意义来说，本书对唐代天文、历法和历日的关注，也算是“天学外史”探究的一种尝试。语曰“取法乎上，仅得乎中。取法乎中，只为其下”。[1] 这种尝试能否如愿可行，唯有静待智识之士的检阅了。

[1] 〔清〕董诰等编:《全唐文》卷 10 唐太宗《帝范后序》，中华书局，1983，第 121 页。

第一章　唐代的天文机构

人类社会的发展是与天象的观测密不可分的。相传五帝时代，颛顼命南正重司天，北正黎司地，负责沟通天地。唐尧时又置羲氏、和氏，“钦若昊天，历象日月星辰，敬授人时”[1]。三代以降，由于帝王“通天”的需要，因而对“天文历算”之学倍加重视。比如，夏、商两代设有太史，周王设有“冯相氏”、“保章氏”和“胝祲”三官，负责日月星辰和云气的观测与记录。秦汉大一统王朝建立后，设立太史令，“掌天时、星历、祥瑞、妖灾”[2]，从事天象观测、历法修造及史书编撰等工作。此后，经魏晋南北朝至隋，天学机构虽然间或有所变

---

[1]〔清〕阮元校刻:《十三经注疏》，中华书局，1980，第119页。

[2]〔唐〕李林甫等撰，陈仲夫点校:《唐六典》卷10《太史局》，中华书局，1992，第302页。

革，但太史令作为官方的天文观测官员一直被延续了下来。

唐代是中古封建社会的繁荣和鼎盛时期，也是天文历法之学长足发展，并取得杰出成就的重要时期。[1] 特别是天象的观测与记录、历法的推演与修订、日影的测量与大地长度的测定以及天文仪器的制造与革新，都成为中古天文学史中令人瞩目和叹为观止的内容。追寻原因，这些天文成就的取得，与唐王朝对天文的高度重视及较为规范的管理体制密不可分。本章即在先贤研究的基础上，[2] 拟在对天文机构建制的审视

---

[1] 陈美东在《中国科学技术史·天文学卷》第五章中，将隋唐五代十国定为"天文学体系的成熟"时期。此章共有十五节，其中第五至十四节均为唐代天文历法成就的论述，可参看。详见陈美东：《中国科学技术史·天文学卷》，科学出版社，2003，第307—429页。

[2] 王宝娟：《唐代的天文机构》，《中国天文学史文集》第5集，科学出版社，1989，第277—287页；史玉民、魏则云：《中国古代天学机构沿革考略》，《安徽史学》2000年第4期；史玉民：《论中国古代天学机构的基本特征》，《中国文化研究》2001年第4期；江晓原：《中国古代天学之官营传统》，《杭州师范学院学报》2002年第3期；张嘉凤：《汉唐时期的天文机构与活动、天文知识的传承与资格》，《法国汉学》第6辑（科技史专号），中华书局，2002，第104—117页；赵贞：《乾元元年（758）肃宗的天文机构改革》，《人文杂志》2007年第6期；陈晓中、张淑莉：《中国古代天文机构与天文教育》，中国科学技术出版社，2008，第76—120页。

中，着重讨论唐朝对太史局（司天台）天文活动的特别规范、制度规定及制约与监督，从而力图对唐代天文管理的基本特征有一个比较清晰的认识。

第一节　太史局（监）的建立及职责

唐前期，天文机构的设置极不稳定。高祖建国后，因袭隋制，设立太史监，“掌视天文历象”。武德四年（621），改太史监为太史局，隶秘书省。龙朔二年（662），高宗又改太史局为秘书阁局，长官为秘书阁郎中。光宅元年（684），武后改太史局为浑天监，不隶麟台（秘书省）；旋又改为浑仪监，置副监及丞、主簿，改司辰师为司辰。长安二年（702），浑仪监复名太史局，废副监及丞，隶麟台如故，改天文博士曰灵台郎，历博士曰保章正。中宗景龙二年（708），改太史局曰太史监，不隶秘书省，复置丞。睿宗景云元年（710），又恢复为太史局，仍隶秘书省，逾月之后又为太史监，岁中又恢复为太史局；二年，改太史局为浑仪监。玄宗开元二年（714），再次恢复为太史监，长官为太史监，并置少监。十四年，太史监复为太史局，长官为太史令，并废止少监。天宝元年（742），又改太史局为太史监，不隶秘书省。肃宗乾元元年（758），改太史监为司天台，长官为司天大监，又置少监二人。此后，司天台作为唐代的天文机构一直被延续了下来。

《唐六典》卷10《太史局》载：

> 太史局：令二人，从五品下；丞二人，从七品下；令史二人，书令史四人。太史令掌观察天文，稽定历数。凡日月星辰之变，风云气色之异，率其属而占候焉。其属有司历、灵台郎、挈壶正。凡玄象器物，天文图书，苟非其任，不得与焉。[1]

《唐六典》始撰于开元十年（722），二十七年成书，在此期间的开元十四年（726），玄宗曾改太史监为太史局，由此可知，这段材料反映的大致是开元中后期（726—739）天文机构的设置情况。太史令是太史局的最高长官，其“观察天文”“稽定历数”的职责，其实是唐太史局天文活动的重要内容。具体来说，“观察

---

[1] 《唐六典》卷10《太史局》，第302—303页。

天文”即天象的观测、记录与占候，在太史局中主要由灵台郎、监侯及天文观生来完成。“稽定历数”是司历、保章正和历生的基本职责，他们负责历法的推演、修订及历日的修造与编纂。此外，太史局中还有挈壶正、司辰、漏刻博士、漏刻生等官员，他们主持“掌知漏刻”的昼夜计时工作。因此，从职责和分工来说，观测天象、修订历法和漏刻计时覆盖了太史局天文活动的全部内容（参见下表）。

唐太史局职官设置情况表

<table>
<tr><td rowspan="8">太史令（掌观察天文，稽定历数。凡日月星辰之变，风云气色之异，率其属而占候焉。）</td><td>司历</td><td>掌国之历法，造历以颁于四方</td><td rowspan="4">稽定历数</td></tr>
<tr><td>保章正</td><td>即历博士，掌教历生</td></tr>
<tr><td>历生</td><td>掌习历</td></tr>
<tr><td>装书历生</td><td>掌习历及历书的装帧</td></tr>
<tr><td>灵台郎</td><td>掌观天文之变而占候之</td><td rowspan="4">观察天文</td></tr>
<tr><td>监候</td><td>掌候天文</td></tr>
<tr><td>天文观生</td><td>掌昼夜在灵台伺候天文气色</td></tr>
<tr><td>天文生</td><td>掌习天文气色，年深者转补天文观生</td></tr>
</table>

续表

<table>
<tr><td rowspan="9">太史丞（太史局副贰之职）</td><td>挈壶正</td><td>掌知漏刻</td><td rowspan="7">掌知漏刻</td></tr>
<tr><td>司辰</td><td>掌漏刻事</td></tr>
<tr><td>漏刻博士</td><td>掌教漏刻生</td></tr>
<tr><td>漏刻典事</td><td>掌伺漏刻之节</td></tr>
<tr><td>漏刻生</td><td>掌习漏刻之节，以时唱漏</td></tr>
<tr><td>典钟</td><td>掌击漏钟</td></tr>
<tr><td>典鼓</td><td>掌击漏鼓</td></tr>
<tr><td>令史</td><td rowspan="2" colspan="2">当为从事文案及杂役服务的人员</td></tr>
<tr><td>书令史</td></tr>
</table>

我们知道，唐前期天文机构的设置很不稳定，屡有变革。特别是太史局（监）的名称随着不同的帝王，抑或同一帝王的不同时期往往有所调整，其与秘书省的隶属关系也随着天文机构的变革而起伏不定。就职能而言，太史局（监）掌握着国家玄象之学的解释，且其天象观测与预言，常常涉及唐王朝的军国大事，因而在具体操作上需要更多的自由和独立空间。但秘书省由于权责划分上直接统率着太史局，因而势必要对太史局的各种天文活动进行直接或间接的干预和制约。职是之故，前期的帝王反复在实践中尝试对天文机构进行调整和变革，力图找出一种新的建制模式。

《旧唐书》卷36《天文志》载：

> 则天朝，术士尚献甫精于历算，召拜太史令。献甫辞曰："臣山野之人，性灵散率，不能屈事官长。"天后惜其才，久视元年五月十九日，敕太史局不隶秘书省，自为职局，仍改为浑天监。至七月六日，又改为浑仪监。长安二年八月，献甫卒，复为太史局，隶秘书省，缘进所置官员并废。[1]

武后对天文机构的调整，最根本者依然是太史局与秘书省的关系问题。透过"性灵散率，不能屈事官长"的托词，不难看出尚献甫"太史局不隶秘书省，自为职局"的真正要求，其实是在为天象观测与占候尽可能争取更多的独立与自由空间。可惜好景不长，随着尚献甫的卒亡，天文机构又回到了原来隶属秘书省的基本建制。以后，中宗、玄宗时，太史监也曾有不隶秘书省的调整，但都是昙花一现，转瞬即逝。因此，总体而言，天文机构仍然没有从秘书省中分离出来。

---

[1] 〔后晋〕刘昫等撰：《旧唐书》卷36《天文志下》，中华书局，1975，第1335页。

基于前朝太史局（监）反复无常的变革和调整，乾元元年（758）肃宗将太史局彻底从秘书省中独立出来，改其名为司天台，长官为司天监，正三品，位在秘书监（从三品）之上；并置少监，正四品上，“掌副贰之职”，亦在秘书少监（从四品上）之上。同时扩大官员编制，提高他们的品级和俸禄，并增设五官正、五官副正、五官礼生等天文官员，[1] 以此来适应天文机构在国家政治生活中地位逐渐上升的趋势。此后一直到唐末，李唐再也没有进行天文机构的调整和改革，司天台的建制在很长时间里也一直被延续了下来。

唐天文机构的职责，《唐六典》凝练为“观察天文”、“稽定历数”和“掌知漏刻”三个方面，这应是太史局最为核心的工作。但从史籍记载来看，太史局还参与国家祭祀礼仪、主持灾祥奏报、天气观测与预报以及阴阳杂占等事务。

一、观察天文

如《唐六典》所载，太史令首要的工作是“观察天

[1] 赵贞：《乾元元年（758）肃宗的天文机构改革》，《人文杂志》2007年第6期。

文”,它包含两个层面的内容。一是天文的观测与记录。二是对观测到的异常天象予以解释和说明，揭示其星占意义。举凡日月星辰（日月五星、二十八宿、彗星、流星、妖星等）的出没运行及各种风云气象的异常变化，都在太史局的“观察”范围之内。当然，“观察天文”的最终目的是回归到帝王“参政”的要求上来，这是汉唐时代始终未变的主题。

面对如此纷繁庞杂的天文事务，太史令置有2人，显然是远远不够的，所以太史局中还置有灵台郎、监候、天文观生及天文生等官员，配合太史令对全天星象进行观测和解释。灵台郎本为天文博士，长安四年（704）武后更名，“掌观天文之变而占候之。凡二十八宿，分为十二次：……所以辨日月之缠次，正星辰之分野”[1]，负责天文变异的观测，并根据天上二十八宿与地上十二州对应的分野理论，做出有关军国大事的解释。除天文占候外，灵台郎还“掌教习天文气色”，其实还是唐代官方天文人才的培养者，教授天文观生和天文生学习“天文气色”的观测和记录。其中天文

[1]《唐六典》卷10《灵台郎》，第304—305页。

观生，太史局置有90人，“掌昼夜在灵台伺候天文气色”[1]，主要负责“天文气色”的观测与记录。至于天文生，唐设有50—60人，其职责与观生相同。稍有区别者，天文生“年深者”可转补为天文观生。这样看来，天文观生、天文生虽然是官方培养的天文人才，但实际上也参与了灵台郎主持的天象观测活动。此外，太史局中还有监候5人，“掌候天文”，也是从事天象观测和占候的重要官员。

乾元元年（758），肃宗将天文机构改名为司天台，并设置了五官正（春官正、夏官正、秋官正、冬官正、中官正）和五官副正各5人，“掌司四时，各司其方之变异”[2]，按照时间和方位的特定对应关系来划分职责。具体来说，春官正、副正负责春季和全天星空中东方区域的天象观测与解释，夏官正、副正掌管夏季和星空南方区域的“天文气色”的观察，秋官正、副正主持秋季和星空西方区域异常天象的观测，冬官正、副正从事冬季和星空北方区域的天文灾异的观测，中官

---

[1] 《唐六典》卷10《灵台郎》“天文观生”注，第304页。

[2] 〔宋〕欧阳修、宋祁撰：《新唐书》卷47《百官志二》，中华书局，1975，第1216页。

正、副正则负责季夏和星空中央地带（即天顶附近星区）的天象观测、记录和占候。简言之，依据四时五方的时空秩序，肃宗对天文官员各自天象观测的时间、区域和范围作了具体划分，进一步凸显了司天台“观察天文”的特别职能，对于提高天文观测的准确性具有积极意义。

相较而言，天文观测与记录仅仅是基础性的工作。更为重要者，太史局要对观测到的异常天象予以解读，进而对当时的帝王政治产生影响。从两唐书《天文志》保留的天象记录来看，太史局“占候”的范围极为广泛。单就日食的发生而言，天文官员的预言有“主有疾”“大臣忧”“边兵”“旱”“礼失”“耗祥”以及京师有事等，[1] 这表明太史局的天象观测和预言，涉及的都是帝王政治中的头等大事和核心内容。从这个意义上说，太史局的天文占候确实为李唐王朝的治国安邦提供了来自天象的重要依据。既然这种帝王“参政”的依据来自上天的警示，那么太史局的天象观测、记录与占候，又何尝不是对帝王政治的基本规范和约

[1] 《新唐书》卷 32《天文志二》，第 827—832 页。

束呢？

二、稽定历数

太史局的另一主要职责是历法的考核、制定及编修。《唐六典·太史局》载："每年预造来岁历，颁于天下。"[1] 说明太史局还承担着历日的修造与颁发事宜。在天文机构中，除了长官太史令以外，专司历法工作的官员为司历，"掌国之历法，造历以颁于四方"。开元年间，司历仅设 2 人，从九品上。乾元元年（758）增至 5 人，主要掌管唐代历法的修造及颁布行用之事。司历编修历法，较为典型的事例是神龙元年（705），太史丞南宫说认为《麟德历》"加时浸疏"，历法上元之首，并不符合五星连珠的意象，因而大有变革的必要。于是，中宗诏令南宫说以及司历徐保乂、南宫季友等更治新历，是为《乙巳元历》。[2] 武后神功二年（698），"司历以腊为闰，而前岁之晦，月见东方，太后诏以正月为闰十月"[3]。可知历法置闰之事也由司历

[1] 《唐六典》卷 10《太史局》，第 303 页。

[2] 《旧唐书》卷 33《历志二》，第 1216 页。

[3] 《新唐书》卷 26《历志二》，第 559 页。

来安排。此外，凡新历的试用、审校与推行，司历都要参与其中并起主要作用。[1]

为配合司历的工作，太史局还专门设置了保章正、历生和装书历生等职官。保章正本为历博士，长安四年（704），武后废除博士不置，而设保章正“以当之”，主要负责唐代历法人才（历生）的教授与培养。历生作为官方培养的历法人才，主要学习历法的推算和修造事宜，有时也辅助司历修订历法。吐鲁番台藏塔所出永淳三年（684）历日中，题有“历生□玄彦写并校”“历生李玄逸再校”“历生□□□三校”，[2] 表明历生也参与历日的修造与审校。装书历生则是专门从事历书修裱、制作与装潢等事务的人员。此外，唐代还有“历官”的设置，推测也是修造历法的专职官员。

---

[1] 武德元年（618），东都道士傅仁均所造《戊寅历》成，高祖诏令“司历起二年行用之”，表明司历还负责新历的试用与推广。又贞观十四年（640），司历南宫子明、太史令薛颐还参与了“淳风新术”的讨论。参见《新唐书》卷 25《历志一》，第 534—536 页。

[2] 荣新江、李肖、孟宪实主编：《新获吐鲁番出土文献》，中华书局，2008，第 258—263 页。

三、掌知漏刻

太史局还主管昼夜漏刻的计时工作。开元十二年（724）正月，玄宗降诏："近日漏刻失时，或早或晚，宜令太史谨修尽职，勿使更然。如有愆违，委御史弹奏。"[1] 由于太史局漏刻预报失时，致使"官司失朝"，直接影响了百官上朝的正常节奏和礼节，因而玄宗诏令太史局谨修漏刻，并委派御史台随时加以纠察。这说明唐王朝的昼夜时间秩序实际上是由太史局主持订立的。具体来说，太史局中负责漏刻事宜的官员有挈壶正、司辰、漏刻博士、漏刻生、典钟、典鼓等。[2] 此外，唐初还有刻漏视品、检校刻漏，"掌伺漏刻之节"，以后皆并省不置。[3]

《唐六典》卷10《太史局》载："挈壶正、司辰掌知漏刻。孔壶为漏，浮箭为刻，以考中星昏明之候焉。"中星昏明是古代昼夜划分的主要标志，所以漏刻系统中昼夜漏壶的上水时刻，也以中星昏明的观测为基本

[1] 《全唐文》卷29玄宗《令太史修漏刻诏》，第326页。

[2] 《唐六典》卷10《太史局》，第305页。

[3] 《新唐书》卷47《百官志二》，第1217页。

依据。[1] 至于漏刻计时的具体方法，《旧唐书·职官志》载：

> 漏刻之法，孔壶为漏，浮箭为刻。其箭四十有八，昼夜共百刻。冬夏之间，有长短。冬至之日，昼漏四十刻，夜漏六十刻。夏至，昼漏六十刻，夜漏四十刻。春分秋分之时，昼夜各五十刻。秋分之后，减昼益夜，凡九日加一刻。春分已后，减夜益昼，九日减一刻。二至前后，加减迟，用日多。二分之间，加减速，用日少。候夜以为更点之节。每夜分为五更，每更分为五点。更以击鼓为节，点以击钟为节也。[2]

可见，一年中的昼夜长短常随着节气和季节的依次更替而发生相应的变化，反映在漏刻制度中，便是随着二十四节气（特别是二分二至）的依次更替，昼夜时长大致在40—60刻之间来回移动。

[1] 王立兴:《纪时制度考》,《中国天文学史文集》第4集，科学出版社，1986，第1—47页。

[2] 《旧唐书》卷43《职官志二》，第1856页。

四、天气观测与预报

太史局（司天台）还要关注“风云气色”的变化。如开元十一年（723）十一月癸酉，太史奏曰：“平明阴云祁寒，及其日出有云迎日。又有祥风至，须臾日出有黄白冠及日南有珥”。天宝七载（748）十一月长至（冬至），太史奏“北方有黑云气，四方俱有薄黄云，佳气浓厚，又有黄气扶日”。[1] 这些有关日出、祥风、黄气等信息的祥瑞奏报，其实也涉及了当时天气情况的观测与预报。比如大历二年（767）十一月己巳，司天台奏“日色清明，祥风四起”[2]，即是晴朗天气的描述与解说。至于阴雨天气，如天祐二年（905）五月司天台奏：“自今月八日夜已后，连遇阴雨，测候不得。至十三日夜一更三点，天色暂晴，景纬分明，妖星不见于碧虚，灾沴潜消于天汉者。”[3] 从“测候”、“妖星”和“天汉”诸词来看，司天台有关阴雨天气及由阴转晴的

---

[1] 〔北宋〕王钦若等编：《册府元龟》卷 24《帝王部·符瑞三》，中华书局，1960，第 258 页、第 264 页。

[2] 《册府元龟》卷 25《帝王部·符瑞四》，第 267 页。

[3] 《旧唐书》卷 20 下《哀帝纪》，第 795 页。

预报，显然是在星象观测的基础上进行的。事实上，唐代的天气观测与预报，并不限于太史局（司天台）的星象观测、占候和祥瑞奏报，当时民间已能通过观云，候气，看虹，辨雾，观察生物及土、石、墙壁湿润程度来预报天气。[1] 如黄子发《相雨书》中，“候气者三十，观云者五十有二，察日月并宿星者三十有一，会风者四……共为百六十有九，皆有准验”[2]。这些预报阴雨天气的天象信息，固然是民间谚语及生活经验的总结，但在很大程度上也与太史局（司天台）“观察天文”的成果密不可分。

五、灾祥奏报

《唐六典》述及太史令职责时说：“所见征祥灾异，密封闻奏，漏泄有刑。每季录所见灾祥送门下、中书省入起居注。岁终总录，封送史馆。”其中“征祥灾异”“灾祥”，《唐会要》作“天文祥异”，其下注曰：“太

[1] 唐锡仁、杨文衡主编：《中国科学技术史·地学卷》，科学出版社，2000，第 302 页。

[2] 〔唐〕黄子发撰：《相雨书》，丛书集成初编，中华书局，1985，第 12 页。

史每季并所占候祥验同报。”[1] 即太史局定期要将观测到的灾异、祥瑞及占验之事如实报送史馆，以备修史采用。具体来说，太史局的灾祥奏报至少应包括两个方面的内容。一是“灾异”，即那些预示灾祸降临的异常天象，如日食、日变、月变、星变（如流星）、五星凌犯、五星聚合、孛彗（彗星）等。不仅如此，司天台有时还要提供自然灾害方面的奏报。贞元十三年（797）七月，司天监奏：“今日午时地震，从东来，须臾而止。”[2] 但这类奏报其实在唐代并不多见。五代以降，司天台的灾害奏报逐渐形成定制。后唐长兴二年（931），明宗诏司天台，“除密奏留中外，应奏历象、云物、水旱，及十曜细行、诸州灾祥，宜并报史馆，以备编修”[3]。不难看出，后唐的“灾祥”奏报中，已经将“水旱”之灾包括进去了。二是“征祥”，即宣示吉庆祥和的天象，如景星（老人星）、庆云、祥风、休气、荣光等，均可归入祥瑞之列。按唐制，祥瑞有大、上、

---

[1] 〔宋〕王溥撰：《唐会要》卷 63《诸司应送史馆事例》，中华书局，1955，第 1089 页。

[2] 《唐会要》卷 42《地震》，第 757 页。

[3] 〔宋〕薛居正等撰：《旧五代史》卷 43《明宗纪》，中华书局，1976，第 589 页。

中、小之分，礼部“辨其物名”，每季具录奏上，然后封送，移交史馆，以备修史所用。[1] 在这些祥瑞中，凡是涉及有关风云气象之类的事物，如“景星、庆云”等，由于与天象观测有关，且又属于大瑞，[2] 故太史局（司天台）也参与了祥瑞的观测与奏报。终唐一代，太史局（司天台）主持的祥瑞奏报层出不穷，连绵不绝。尤其是盛唐标志的玄宗时代，由于政治清明，国泰民安，所以吹捧帝王的祥瑞奏报也最为盛行，达到了空前的状态。

《册府元龟》所见太史局（司天台）祥瑞奏报表

纪年月日	祥瑞奏报	材料出处
开元十一年（723）二月	太史奏荣光出河，休气四塞，徘徊绕坛，日扬其光	《册府》/24/258
开元十一年（723）十一月癸酉日长至（冬至或日南至）	太史奏曰：“平明阴云祁寒，及其日出有云迎日。又有祥风至，须臾日出有黄白冠及日南有珥”	《册府》/24/258

[1] 《唐六典》卷4《礼部郎中员外郎》，第114页；《唐会要》卷63《诸司应送史馆事例》，第1089页。

[2] 《唐六典》卷4《礼部郎中员外郎》：“大瑞谓景星、庆云、黄星真人……江河水五色、海水不扬波之类，皆为大瑞。”第114页。

续表

纪年月日	祥瑞奏报	材料出处
开元十三年（725）十月丁卯	太史奏白雀见	《册府》/24/259
开元十六年（728）十一月日南至	太史奏黄云扶日	《册府》/24/260
开元二十一年（733）八月癸亥	老人星见，其色黄白。太史奏主寿昌，万人安	《册府》/24/260
开元二十四年（736）八月庚戌	老人星见，黄色明静。太史奏主寿昌，天下多贤士	《册府》/24/261
开元二十五年（737）八月丁未	太史奏卯时有祥云出东方，巳午之时日有抱戴	《册府》/24/261
开元二十五年（737）十月庚申	太史奏有祥风起，休气四塞	《册府》/24/262
天宝元年（742）正月癸丑	太史上言，今日卯时日有红碧黄气数见，及紫赤云气润泽鲜明，在日上	《册府》/24/263
天宝七载（748）九月壬午	太史奏寿星见于景上，大明色黄	《册府》/24/263
天宝七载（748）十一月日长至	太史奏北方有黑云气，四方俱有薄黄云，佳气浓厚，又有黄气扶日	《册府》/24/264
至德元载（756）十一月辛未	长安云气如衣冠备具，太史奏天下和平之象	《册府》/25/265
至德二载（757）八月乙未	太史奏其日老人星见，黄明润泽	《册府》/25/265

续表

纪年月日	祥瑞奏报	材料出处
上元二年（761）建子月戊戌冬至	有云迎日，日扬光。司天监韩颖奏为年丰之象	《册府》/25/265
宝应元年（762）九月戊辰夜	老人星见，黄明润泽。司天少监瞿昙譔奏人主寿昌，国多贤士	《册府》/25/266
永泰元年（765）八月戊子	司天台上言老人星见	《册府》/25/267
大历二年（767）十一月己巳长至	司天台奏曰，日色清明，祥风四起	《册府》/25/267
长庆三年（823）十一月丁丑	司天台上言太阳当蚀不蚀，宰臣率百官表贺	《册府》/25/270
天祐三年（906）八月己卯	司天奏老人星见	《册府》/25/273
天祐三年（906）十月癸亥	司天奏老人星见	《册府》/25/273

说明：材料出处中，《册府》=《册府元龟》，中华书局，1960 年影印本。两处阿拉伯数字分别表示卷数和页码。如《册府》/24/258 表示《册府元龟》卷 24，第 258 页。

太史局（司天台）由于职在“占候”，所以在奏报“征祥、灾异”时，一般都要揭示这些特定天象的象征意义。如开元二十一年（733）八月癸亥夜老人星见，太史局援引《春秋文曜钩》解释说：“王者安静，则老人星临其国，主寿昌，万人安。”[1] 老人星一名寿星，即船底座 α 星，为全天第二亮星，其色苍黄，十分悦目，因而给古人留下深刻的印象。通常来说，老人星在每年的立秋至来年立春期间出现，因为它不肯露面却又光彩照人，古人认为它的出现代表着某种天意，并与帝王政治的“寿昌”紧密相连，为人主有德、百姓安康以及天下多有贤士的象征，因而深得帝王厚爱。由于在职司上，太史局（司天台）最能阐释老人星吉庆寿昌的象征意义，相较礼部的祥瑞奏报而言更具有说服力，因而老人星的观测与奏报一般是由太史局（司天台）来负责的。终唐一代，老人星的奏报颇为盛行，上自百官公卿，下至地方长官，都对老人星倍加关注。这在唐代大臣上奏皇帝的《贺老人星见表》(简称《贺表》) 中有明确的体现。如武三思《贺表》云:“伏见太史奏称，八月十九日夜有老人星见。”[2] 令狐楚《贺表》称:“司天台奏，八月十五日乙亥夜，老人星见于东井。”[3] 又李商隐《为荥阳公贺老人星见表》谓:“司天监

[1] 《册府元龟》卷 24《帝王部 · 符瑞三》, 第 260 页。

[2] 《全唐文》卷 239 武三思《贺老人星见表》, 第 2415 页。

[3] 《全唐文》卷 539 令狐楚《贺老人星见表》, 第 5475 页。

李景亮奏，八月六日寅时，老人星见于南极，其色黄明润大者。”[1] 显然，武三思、令狐楚等官员是从天文官员的奏报中得知了老人星出现的信息，因而及时撰写了取悦当朝皇帝的《贺表》。在这些表文中，不乏有老人星出现时刻、位置、明亮程度及颜色等信息的描述，这其实就是天文官员老人星观测的最终结果。开元二十四年（736）七月，玄宗诏设寿星坛，“祭老人星及角、亢等七宿”[2]，老人星由于成为国家的祀典对象而更为时人所瞩目，而与此相关的星象观测与奏报也进一步蔓延开来。

又如祥风，太史局摘引《黄帝占》解释说：“风不及地，和缓而来谓之祥风。王者德至于天则祥风起。”[3] 即言帝王的盛德感动了上天，所以才会有和平安乐的祥风出现。至于黄云、祥云、赤云，均为庆云，当是政治清明、天下太平的征兆。

[1] 《全唐文》卷 772 李商隐《为荥阳公贺老人星见表》，第 8041 页。

[2] 《旧唐书》卷 8《玄宗纪上》，第 203 页。

[3] 《册府元龟》卷 24《帝王部·符瑞三》，第 258 页。

六、参与祭祀礼仪

太史局长官太史令还参与唐代国家的大祀祭礼活动。在这些祭祀活动中，太史令与郊社令共同负责祭祀主神神位的陈设与摆放。比如，每年冬至，皇帝祭祀圜丘时，“祀前一日，晡后，太史令、郊社令各常服，帅其属升设昊天上帝神座于坛上北方，南向。席以藁秸”[1]。在传统观念中，“昊天上帝”在天上居于最高位置，太史令因有司天、占候之责，又最能捕捉和解释上天的各种征兆，因而国家祭祀大典中，昊天上帝的神位自然由他来陈设。不仅如此，皇帝正月祈谷（昊天上帝）、孟夏雩祀（昊天上帝）、季秋大享明堂（昊天上帝）、立春东郊祀青帝（青帝灵威仰）、立夏南郊祀赤帝（赤帝赤熛怒）、季夏南郊祀黄帝（黄帝含枢纽）、立秋西郊祀白帝（白帝白招拒）、立冬北郊祀黑帝（黑帝叶光纪）、腊日南郊蜡百神（日月神）、春风东郊朝日（大明神）、秋风西郊夕月（夜明神）、夏至祭方丘（皇地祇神）、孟冬北郊祭神州（神州地祇

---

[1] 〔唐〕中敕撰:《大唐开元礼》卷 4《皇帝冬至祀圜丘·陈设》，民族出版社，2000，第 37 页;《新唐书》卷 11《礼乐志》，第 314 页。

神）、仲春仲秋上戊祭太社（太社太稷神）、孟春吉亥享先农耕籍（神农氏神）、巡狩告圜丘（昊天上帝）、巡狩告太社（太社太稷神）、燔柴告至（昊天上帝）、封祀于泰山（昊天上帝）、禅于社首山（皇地祇）、亲征类于上帝（昊天上帝）、亲征宜于太社（太社太稷神）以及加元服（昊天上帝神座）等祭礼，太史令都要陈设神位。甚至在仲春祀马祖、仲夏享先牧、立春后丑日祀风师，以及时旱北郊祈岳镇的活动中，像马祖神、先牧神、风师神座以及岳镇海渎及诸山川神座，也由太史令来陈设。高宗显庆二年（657），礼部尚书许敬宗在讨论郑玄"六天之议"时说："得太史令李淳风等状，昊天上帝图位自在坛上，北辰自在第二等，与北斗并列，为星官内座之首，不同郑玄据纬书所说。此乃羲和所掌，观象制图，推步有征，相沿不谬。"[1]可见，太史令李淳风制定的星辰祭祀等级秩序，在唐初影响很大。后唐清泰元年（934）九月，灵台郎李德舟因霖雨为灾，"献唐初太史令李淳风祈晴法"，朝廷组织有司官员，依照李淳风的祈晴方法进行祈祷，禳除雨涝

[1] 《旧唐书》卷 21《礼仪志》，第 824 页。

之患。[1] 这表明唐代祈晴消雨的仪式与规则，也由太史令李淳风创制。

此外，在皇帝出行举行“大驾卤簿”的仪式中，鼓吹队有太史令一人，司辰一人，刻漏生四人，[2] 他们与其他人员一道，在鼓吹队伍中扮演着仪卫的角色。

特别指出的是，乾元元年（758）肃宗设置的通玄院，可能是司天台内专司星变禳灾的机构。《新唐书·百官志》载，“置通玄院及主簿，置五官监候及五官礼生十五人，掌布诸坛神位”[2]，表明司天台内的通玄院置有诸多神位。“监候”由于主要负责天文占候之事，所以实际负责“诸坛神位”陈设与祭祀的是五官礼生。联系唐代日食发生的救护礼仪，可知诸坛神位的设立很可能与灾变的“禳星”有关，而五官礼生则是负责

[1] 《册府元龟》卷145《帝王部·弭灾三》，第1762页。按，李淳风的祈晴方法，主要是有关神位的选择及其陈设顺序，具体为“天皇大帝、北极、北斗、寿星、九曜、二十八宿、天地水三官、五岳神，又有配位神，五岳判官、五道将军、风伯、雨师、名山大川”。

[2] 《大唐开元礼》卷2《序例中·大驾卤薄》，第20页；又太史令，《新唐书》卷23《仪卫志》作“太史监”，第491页。

[2] 《新唐书》卷47《百官志二》，第1216页。

救灾“禳星”礼仪的专职官员。这样看来，乾元年间的天文改革，已经注意到天文与祭祀之间的内在联系（特别是注意到灾变与救灾的内在联系），[1] 因而使司天台增加了禳星祭祀礼仪的职责，反映出祭祀礼仪向天文机构渗透的趋势。

七、杂占活动

太史局及其属员还进行各种杂占活动。史载，太史令李淳风曾与张文成闲坐，忽有“暴风自南而至”，淳风以为南五里定有哭泣之声，“左右驰马观之”，适逢送葬队伍，且有鼓吹相伴。[2] 开元五年（717）春，太史上奏说，“玄象有眚见，其灾甚重”，并预言新第进士 30 人同日冤死，玄宗将信将疑。后进士登舟游宴，

---

[1] 陈来指出，在春秋时代的许多诸侯国里，“星占和祭祀可能都是由史官担任的，所以在星象文化中，就会夹杂着祭祀文化，如在有些事例中，史官主张天象之兆出现时人可以行祭祀以禳移。……所以，它应当被看作是星象文化所受到的祭祀文化的影响”。参见陈来：《古代思想文化的世界：春秋时代的宗教、伦理与社会思想》，生活·读书·新知三联书店，2002，第 58 页。

[2] 〔唐〕刘悚撰，程毅中点校：《隋唐嘉话》卷中，中华书局，1979，第 17 页。

曲江突然涨水，“三十进士无一生者”。[1] 太史局的杂占活动，并不仅限于长官太史令，甚至当时的天文历生也有预言灾祸的能力。咸通年间，司天历生胡某善言祸福，有人尝问，“近年宰相不满四人，岂非三台有异乎？”胡某回答说：“紫微方灾，然其人又将不免。”后杨收、韦保衡、路岩、卢携、刘邺、于琮、豆卢瑑以及崔沆等，皆不得善终。[2] 可以看出，太史局及其属员的杂占活动，多是根据异常天象而进行的。至于史料所见天文官员因星变而预言禄命、生死的事，[3] 就更直接与“观察天文”有关了。

综上所述，太史局的职责主要有观察天文、稽定历数、掌知漏刻、天气观测与预报、灾祥奏报、参与祭祀礼仪以及各种杂占活动等，其中“观察天文”是最为核心的工作，其他方面的活动基本上都是围绕着天文

[1] 〔唐〕张鷟撰，赵守俨点校：《朝野佥载》卷1，中华书局，1979，第13—14页。

[2] 〔宋〕王谠撰，周勋初校证：《唐语林校证》卷7《补遗》，中华书局，1987，第667—668页；《新唐书》卷183《豆卢瑑传》，第5382页。

[3] 武后时，征术士尚献甫为太史令，长安二年（702），荧惑犯五诸侯，献甫预言祸在太史之位，是其“将死之征”。同年秋天，献甫卒。参见《旧唐书》卷191《方伎·尚献甫传》，第5100页。

的观测与占候而展开的。至于历法的改进与修造，因涉及唐王朝的正朔告庙以及日、月食的推算和预报，因而同样重要。而且与此相关的测候星度[4]，量表测影[2]以及黄道、灵台候仪，等等[3]都在太史局专司天文、

[4]《旧唐书》卷35《天文志上》："一行奏云，今欲创历立元，须知黄道进退，请太史令测候星度。"第1293—1294页。

[2]《旧唐书》卷35《天文志上》："开元十二年（724），诏太史交州测景，夏至影表南长三寸三分，与元嘉中所测大同。……开元十二年，太史监南宫说择河南平地，以水准绳，树八尺之表而以引度之。"（第1303—1304页）这次测量影长的工作是由太史监南宫说和僧一行共同完成的。据说当时从极平纬17.4°的林邑到40°的蔚州，共设观测站九处（包括阳城）。各站沿着这条长7973里（已超过3500公里）的子午线，用标准的八尺表同时进行了冬夏二至的影长测量。这样，就估计出相当于1°的地面距离是351里80步，而日影长度是每隔1000里差4寸左右。这次测量纠正了千里影差一寸的错误，得出了里差与北极出地高度之间存在线性关系的正确结论，并予以定量的描述，不自觉地进行了子午线1°长度的实测工作，在中国天文学史乃至世界天文学史上都写下了光辉的一页。详见〔英〕李约瑟：《中国科学技术史》第4卷《天学》，第276—277页；陈美东：《中国科学技术史·天文学卷》，第365—366页。

[3]贞观七年（633）三月，直太史、将士郎李淳风"铸浑天黄道仪，奏之，置于凝晖阁"。开元十三年（725），僧一行与率府兵曹参军梁令瓒造黄道游仪成，得到朝廷的褒奖。其时一行和梁令瓒供职于集贤院，因而黄道游仪并非太史局所造。李淳风制造的黄道浑仪，最重要的革新是用三重同心环代替了两重环。内重还附有窥管的赤纬环，新的装置包括黄道环、赤道环和为月球轨道设置的白道环，总称为三辰仪。外重环包括赤道和其他在唐以前浑仪上常见的环圈（如子午圈、卯酉圈和地平圈等）。这种多环同心安装的方法，可用于地平、

历法事务的范围之内。此外，史籍中还有太史令薛颐代表太宗抚慰隐逸之士；[1] 太史令庾俭担任了官修史书——《周史》的修撰；[2] 李淳风承担了《晋书·天文志》《隋书·天文志》的撰写，他还校订了《算经十书》，[3] 并参与了唐初官修医药著作——《本草图经》的编撰。[4] 又高宗上元中，太史令姚玄辩还校正了“郊庙乐调及宴会杂乐”的音调；[5] 玄宗开元中，知太史监史元晏对御刊礼记月令予以修订。[6] 显然这些工作都超出了太史局“观天占候”的职责范围。由此看来，太史局官员除本职的天文、历法工作外，还因个人特长所宜，从事其他的相关工作，这在唐初的天文官员中比较普遍。

赤道、黄道、白道等坐标的测量，至此中国古代传统的测量天体位置仪器的制作基本臻于完善。参见〔英〕李约瑟：《中国科学技术史》第 4 卷《天学》，第 409—417 页；〔英〕李约瑟原著，〔英〕柯林·罗南改编，上海交通大学科学史系译：《中华科学文明史》第 2 卷，上海人民出版社，2002，第 177—178 页；陈美东：《中国科学技术史·天文学卷》，第 352—353 页。

[1] 《旧唐书》卷 192《王远知传》，第 5125 页。

[2] 《旧唐书》卷 73《令狐德棻传》，第 2597 页。

[3] 《旧唐书》卷 79《李淳风传》，第 2718—2719 页。

[4] 《新唐书》卷 59《艺文志三》，第 1570 页。

[5] 《旧唐书》卷 77《韦万石传》，第 2672 页。

[6] 《全唐文》卷 345 李林甫《进御刊定礼记月令表》，第 3508 页。

第二节　唐代的天文管理

就内容而言，唐代的天文管理包含两个层面。一方面是指唐王朝对太史局（司天台）的特别管理，对天文人员专业素质的基本要求和规定。另一方面是指唐王朝对民间天文活动的令行禁止和严格控制。

一、对太史局（司天台）的制约与监督

唐代还着手考虑对太史局（司天台）的工作进行制约与监督，以防天文官出现渎职和虚假奏报的行为。《隋书》卷19《天文志上》:“炀帝又遣宫人四十人，就太史局，别诏袁充，教以星气，业成者进内，以参占验云。”[1]可知隋炀帝在内宫也设置了一个规模相对较小的占星机构，其目的是“以参占验”，实际上有检验太史局天文观测与占候准确程度的味道。唐承隋制，且时时以隋炀帝的言行为借鉴，因而炀帝在内宫占星的举动，不能排除对唐初帝王有所影响。《旧唐书·薛

[1]〔唐〕魏征等撰:《隋书》，中华书局，1973，第505页。

颐传》的记载就很能说明问题：

> 薛颐，滑州人也。大业中，为道士。解天文律历，尤晓杂占。炀帝引入内道场，亟令章醮。武德初，追直秦府。颐尝密谓秦王曰："德星守秦分，王当有天下，愿王自爱。"秦王乃奏授太史丞，累迁太史令。贞观中，太宗将封禅泰山，有彗星见，颐因言"考诸玄象，恐未可东封"。会褚遂良亦言其事，于是乃止。颐后上表请为道士，太宗为置紫府观于九嵕山，拜颐中大夫，行紫府观主事。又敕于观中建一清台，候玄象，有灾祥薄蚀谪见等事，随状闻奏。前后所奏，与京台李淳风多相符契。后数岁卒。[1]

作为秦王的心腹，薛颐"德星守秦分"的预言正中李世民的即位心理，而且事后也证明了这次星占的准确。由此，太宗对薛颐十分信任，甚至薛氏的占星活动，太宗也是百般相信。贞观年间，太宗任命薛颐为太史

[1] 《旧唐书》卷 191《方伎·薛颐传》，第 5089 页。

令，让他主持唐代的天文星占工作。以后，薛颐“请为道士”，太宗在九嵕山建立紫府观的同时，又敕命在观内建置“清台”（观象台），作为薛颐“候察云物”的场所。举凡灾异、祥瑞、日月薄蚀、天文谪见（如彗星见）等，薛颐都及时奏报太宗。“前后所奏，与京台李淳风多相符契”，说明太宗通过京外道观薛颐的天象观测来检验以李淳风为代表的官方天文观测与占候的准确程度。

就天文机构的设置来看，唐在东京洛阳的尚善坊内也置有太史监，[1] 虽然规模相对较小，但对西京太史局的天文观测、记录乃至最终解释，无疑具有一定的制约与监督作用。此外，开元年间，集贤院由于僧一行的供职，曾经主持和领导了一系列的天文观测和仪器制造活动，其中定表测候及黄道游仪与浑仪的制造，都是当时太史局无法完成的。日本学者池田温指出，集贤院中的三间四架正屋，就是大天文学家一行的居所。集贤院中还有仰观台，“即一行占候之所”[2]。不过，

---

[1] 〔清〕徐松撰，〔清〕张穆校补，方严点校：《唐两京城坊考》，中华书局，1985，第 148 页。

[2] 〔日〕池田温著，孙晓林等译：《唐研究论文选集》，中国社会科学出版社，1999，第 197 页。

集贤院由于主要是从事草诏和校书的官方机构，院内的天文观测活动可能也只是僧一行供职时的暂时现象，因而它对太史局职司的监督和制约作用显然有限。

值得注意的是，翰林待诏中那些专为皇帝服务且有天文历算背景的“步星”人员有可能对官方的天文活动施加影响，进而起到一定的监督作用。由于身处禁中，他们较司天台的官员而言更为帝王所信任。不惟如此，翰林待诏中的有些“知星者”还可以担任司天台官员。如韩颖因“善星步”而待诏翰林，深得肃宗信任。乾元元年他参与了肃宗主持的天文机构改革，以后迁转为司天监。上元二年（761）他还通过“月掩昴”的天象预测安史叛军即将灭亡。[1] 又如大历年间，波斯人李素因天文历算特长而被征召入京，任职于司天台，前后50余年，经历代宗、德宗、顺宗、宪宗四朝，最终以“行司天台兼晋州长史翰林待诏”的身份，于元和十二年（817）十二月去世。[2]

[1] 《旧唐书》卷36《天文志下》，第1325页。

[2] 荣新江：《一个入仕唐朝的波斯景教家族》，收入氏著《中古中国与外来文明》，生活·读书·新知三联书店，2001，第238—257页。

此外，在六部之一礼部属下的祠部司中，祠部郎中、员外郎各一人，“掌祠祀、享祭、天文、漏刻、国忌、庙讳、卜筮、医药、僧尼之事”，[1] 亦参与朝廷的天文、漏刻及占卜之事。至于他们与太史局保持怎样的关系，受材料所限，目前尚不清楚。但是，若将视野扩及整个唐宋时期，不难发现，五代两宋之际，中央王朝确实存在着司天台和翰林院两套天文管理机制。这种二元双重的管理体制在唐王朝的天文管理中表现得并不明显。无论是贞观年间京外道观的“清台”、开元年间集贤院的仰观台，还是始终设于禁中的翰林待诏，它们的天文活动虽然有很大的不稳定性，没有上升为制度化的规定，但在一定程度上制止了司天台及其属官在各种天文活动中虚假奏报的行为，从整体上提高了中央王朝天象观测的准确性。

二、对天文人员的基本要求

为保证天文观测的准确性和隐蔽性，唐王朝对官方天文人员的专业水平和基本素质作了具体规定。这

[1] 《新唐书》卷 46《百官志一》，第 1195 页。

些规定和要求其实也是国家对天文人员加强管理时坚持的基本原则。

1. “密封闻奏”

唐制，百官奏事，先要在仗下汇报中书、门下二省，中书门下经过选择后，认为事关重大，且需皇帝裁决者，然后再上报当朝帝王。但是遇到太史官奏事以及诸司奏报“未应扬露”的秘密情况，则无须仗下言事，可直接奏陈皇帝。[1] 太史官奏事不仅不能“扬露”于朝廷，而且还必须“密封闻奏”。如《唐六典》云：“所见征祥灾异，密封闻奏，漏泄有刑。”[2] 太史局（司天台）所奏由于多是天文祥异之事，它们在中古社会中具有很大的神秘性和煽动性，一旦泄露出去，很容易引发社会动乱。因此，为防止天文秘密泄露，太史局要对观测到的各种天象进行“密封”，然后依次向上奏报。“密封闻奏”也成为天文官员必须遵守的重要原则。又《唐六典》云：“每季录所见灾祥送门下、中书省入起居注，岁终总录，封送史馆。”[3] 这里“灾祥”，《唐会要》

[1] 《唐会要》卷 25《百官奏事》，第 477 页。

[2] 《唐六典》卷 10《太史局》，第 303 页。

[3] 《唐六典》卷 10《太史局》，第 303 页。

作“天文祥异”，其下注曰：“太史每季并所占候祥验同报。”[1]也就是说，太史局每隔3个月要将观测到的灾异、祥瑞及占验之事如实向史馆移交送报。[2]日本《养老令·杂令》第8条云：“其仰观所见，不得漏泄。若有征祥灾异，阴阳寮奏。讫者，季别封送中务省，入国史。”其下注曰：“所送者不得载占言。”[3]即报送移交史馆的灾祥条目不能附有宣示灾祸吉凶的占卜语言，故而要对这些神秘的“占言”予以剔除，这很可能还是出于防止天文秘密泄露从而引发社会混乱的考虑。与此相应，对于天文人员泄露秘密的行为，唐王朝都有相应的处罚条例。《唐律疏议》云：“非大事应密者，徒一年半。”疏议曰：“‘非大事应密’，谓依令‘仰观见

---

[1] 《唐会要》卷63《诸司应送史馆事例》，第1089页。

[2] 但实际上，每当元日、冬至、朔望朝会及一些盛大的礼仪场合，五官正、副正各自要穿上符合本方颜色的衣服，“各奏方事”，向皇帝奏报本方天文观测的结果。由于朔望朝会通常在每月一日、十五日定期举行，因而五官正、副正最迟在十五日之内要将观测到的天象向朝廷奏报一次。看来，随着五官正和五官副正的设置，唐王朝事实上也确立了一种定期奏报的天文制度。参见赵贞：《唐代的天文观测与奏报》，《社会科学战线》2009年第5期。

[3] 〔日〕仁井田陞原著，栗劲等编译：《唐令拾遗》，长春出版社，1989，第783页。

风云气色有异，密封奏闻'之类。"[1] 显然，《唐律》所谓"非大事应密"的规定，正是针对太史局内的天文官员及相关人员而言。天文人员一旦泄露了天文秘密，将受到徒流一年半的刑事处罚。

2. "苟非其任，不得与焉"

如《唐六典》所云："凡玄象器物，天文图书，苟非其任，不得与焉。"[2] 言外之意，天文官员根据各自的具体分工负责相应的天文活动，而对于非属自己本职的天文仪器、图书以及有关天文活动，则绝对不能参与。比如，"观生不得读占书"，强调的也是这个原则。"观生"即天文观生，"掌昼夜在灵台伺候天文气色"，[3] 主要负责全天风云气色的观测与记录。所谓"占书"主要指占候之书。因此，按照这一职业要求，天文观生只能从事"天文气色"的观测和记录，而不能阅读、研习天文占候方面的图书，自然更不允许参与天文占候之事。日本《养老令·杂令》第8条云："凡秘书、玄象

[1] 〔唐〕长孙无忌撰，刘俊文笺解：《唐律疏议笺解》，中华书局，1996，第759页。

[2] 《唐六典》卷10《太史局》，第303页。

[3] 《唐六典》卷10《太史局》，第304页。

器物、天文图书，不得辄出，观生不得读占书……"[1] 据此，凡观测天象的各种仪器与设施，以及预言灾祥的天文图书，天文官员不得私自从太史局（司天台）中带出。

3. 禁止与朝官交往

由于太史局（司天台）掌握着国家"天学"的解释权，保守天文秘密就成为天文官员最起码的职业要求。为此，唐王朝对天文人员的有关活动作了限制。开元十年（722）玄宗规定："宗室、外戚、驸马，非至亲毋得往还；其卜相占候之人，皆不得出入百官之家。"[2] 这里"占候"，即官方的天文占卜人员。他们与卜祝、相士等阴阳占卜人员一样，不得"出入百官之家"，乃至与当时的文武百官有直接的往来关系。开成五年（840）文宗颁布诏书说，近来司天台内官员多与"朝官并杂色人"等多有来往，应该加以制止："自今已后，监司官吏不得更与朝官及诸色人等交通往来，仍委御史台察访。"[3] 文宗对天文人员活动的限制，并不限于与"朝

---

[1] 《唐令拾遗》，第 783 页。

[2] 〔宋〕司马光编著，〔元〕胡三省音注：《资治通鉴》卷 212 玄宗开元十年（722）条，中华书局，1956，第 6751 页。

[3] 《旧唐书》卷 36《天文志下》，第 1336 页。

官”的交往上，此外还有诸多“杂色人”，也不得与天文人员交游往来。

4. “景行审密”

贞元三年（787）二月，德宗颁布诏书，向民间征召天文历算人员。“宜令诸州及诸司、访解占天文及历算等人，务取有景行审密者，并以礼发遣，速送所司，勿容隐漏。”[1] 由于官方天文人才出现了欠缺之势，所以朝廷向民间征求天文历算人员。但即使在这种情况下，德宗也强调“务取有景行审密者”，言外之意就是有好的品行且能保守秘密的人。既然要保守天文秘密，自然要对天文人员的相关活动进行限制。前引开成五年诏书，文宗禁止司天台官员与朝官及诸杂色人有交通往来关系，这实际上也是天文人员“景行审密”素质的具体表现。当然，这是由司天台“占候灾祥，理宜秘密”[2] 的工作性质所决定的。

此外，对于天文人员的失职行为及在天文活动中出现的疏漏和错误，唐王朝都有相应的处罚规定。比

[1] 〔宋〕宋敏求编：《唐大诏令集》卷 102《举荐上 · 访习天文历算诏》，商务印书馆，1959，第 520 页。

[2] 《旧唐书》卷 36《天文志下》，第 1336 页。

如历生，作为官方培养的历算人才，也参与历法的推算和修订。在此过程中，历生即使有“秒忽”那样小的疏漏，也逃脱不了“置棘之刑”的惩罚。[1]一件判文说，历生若“失之黍忽”，将不能敬授人时，“颇异太初之差，宜正羲和之罪”。[2]羲和是上古时期的一位天文官员，因酗酒而延误了日食的预报，最后被“先王”诛杀。由此来看，唐代对历生失度行为的处罚还是相当严厉的。另一件判文记载，漏生夜晚贪睡，致使钟鼓漏报推迟，“朝官颠倒于衣裳”，影响了百官上朝的节奏和礼节。朝廷准法论刑，对漏生的失职行为予以严惩。[3]开元十二年（724）玄宗诏敕：“近日漏刻失时，或早或晚，宜令太史谨修尽职，勿使更然。如有愆违，委御史弹奏。”[4]虽然强调的是漏刻计时的管理，但也同时说明唐代对天文人员的失职行为严惩不贷。

---

[1]〔宋〕李昉等编：《文苑英华》卷 503 王冷然《历生失度判》，中华书局，1966，第 2585 页。

[2]《文苑英华》卷 503 李昂《历生失度判》，第 2584—2585 页。

[3]《全唐文》卷 174 张鷟《漏生夜睡不觉失明天晓已后仍少六刻不尽钟鼓既晚官司失朝》，第 1773 页。

[4]《全唐文》卷 29 玄宗《令太史修漏刻诏》，第 326 页。

三、对民间天文活动的令行禁止

唐代的天文管理还包括对民间天文活动的令行禁止和严格控制。《唐律疏议》卷9《私有玄象器物》云："诸玄象器物，天文、图书、谶书、兵书、《七曜历》、《太一》、《雷公式》，私家不得有，违者徒二年。(私习天文者亦同)其纬、候及《论语谶》，不在禁限。"[1] 此条关于玄象器物的规定，《唐律》归于《职制律》中，似乎专门针对官员而设。刘俊文推测，"盖由玄象器物及各类禁书，多贮于兰台秘府，民间少有，惟秘书省及其他有关官员得近而习之，有违纪私钞及传用之可能也"[2]。但是就使用范围而言，此条有关"私习天文"及收藏玄象器物与天文图书的规定，无疑是适用于所有"官人百姓"的。

通常情况下，对于那些"诸犯罪未发而自首"的行为，《唐律》都会酌情给予宽恕。但是对民间"私习天文"的人员，并没有自首宽恕的条例。[3] 与此相关

[1] 《唐律疏议笺解》，第763页。

[2] 《唐律疏议笺解》，第768页。

[3] 《唐律疏议笺解》，第370页。

的是，民间与天文有关的袄言妄词，比如妄言他人休征、诡说国家灾祥、观天划地、妄陈吉凶之类，《唐律》均以“袄书袄言”罪论，处以严厉的绞刑。至于那些“豫言水旱”但又无损于时的诸多杂说，朝廷判决杖责一百的惩罚。[1] 显而易见，这些规定都是李唐为制止民间天文活动而制定的法律措施，从中也体现了中央王朝控制与禁止民间天文活动的天文政策。

大历二年（767）正月二十二日，代宗颁布《禁藏天文图谶制》，重申了《唐律》关于玄象器物的规定，严禁天下天文图书的收藏与学习。“其元（玄）象器物、天文图书、谶书、《七曜历》、《太一雷公式》等，准法官人百姓等，私家并不合辄有。自今以后，宜令天下诸州府切加禁断。”[2] 与《唐律》不同的是，制文将“私家”的范围也扩大到了当时的“官人”即士大夫阶层，表明代宗进一步加强天文管理的愿望。不仅如此，大历二年诏书还特别规定了天文玄象管理与控制的具体措施，即将“纠告”方式制度化，并与当时民间的邻

[1] 《唐律疏议笺解》，第 1330 页。

[2] 《旧唐书》卷 11《代宗纪》，第 285—286 页；《全唐文》卷 410 常衮《禁藏天文图谶制》，第 4203—4204 页。

保制度结合起来，通过对纠告者的官爵和钱物赏赐，力图将民间的天文活动纳入官方控制与取缔的轨道上来。

中唐以后，随着唐王朝的逐步衰落和地方割据与自治倾向的增长，中央王朝“再也没有一套行政法能具有初唐法律的那种绝对权威，而且中央政府也承认它再也不可能取得这种统一的原则了”[1]。在这种情况下，李唐对民间天文活动的控制由于没有切实有效的王权保护，因而很难在地方上执行下去。更为重要的是，传统的“畴人子弟”的培养方式很难满足官方天文人才欠缺的形势需要，唐王朝也注意向天下诸州征求民间比较优秀的天文历算人才。如大足元年（701）九月，武后颁布诏书：“在史局历生，天文观生等，取当色子弟充，如不足，任于诸色人内简择。”[2] 这就打破了以往由“当色子弟”或“畴人子弟”垄断天文的局面，从客观上放松了李唐对天文的管理与控制。及至安史乱后，“畴人子弟”四处流散，司天台的天文人员

[1] 〔英〕崔瑞德编，中国社会科学院历史研究所西方汉学研究课题组译：《剑桥中国隋唐史》，中国社会科学出版社，1990，第 20 页。

[2] 《唐会要》卷 44《太史局》，第 796 页。

一度出现紧缺局面。在这种情况下，肃宗于乾元元年、代宗于大历二年、德宗于贞元三年先后颁布诏书，向天下州郡的“官人百姓”征求天文人才，只要能“解天文玄象”，皆可委以任用。由此，唐代严格禁止与控制天文的政策在具体执行过程中也表现出一定的弹性和灵活特征。《文苑英华》所收唐人崔璀《私习天文判》载：定州望都县冯文“私习天文”，为邻人告发。有司欲治其罪，但因冯文“学擅专精”，“甚为精妙”，经过太史官考核后，被补充为官方的天文人员。[1]“学擅专精”事实上也成为官方天文人员知识水平的基本要求。于是，民间的天文人员，在帝王诏令的引导下，或在太史官员的考核中，源源不断地被吸收或充实到国家的天文机构中。官方天文学的这种下移趋势，似乎暗示了唐代天文历算之学发展的基本方向，那就是官方天文学唯有和民间的天文历算人员结合起来，才是唐代天学发展的最终出路。

---

[1]《文苑英华》卷503崔璀《私习天文判》，第2583页。

第三节　唐代天文人才的培养

唐代天文人才的来源，有官方培养和民间征辟两种方式。官方培养由官方天文机构——太史局（司天台）来承担，这也成为唐代天文人员的主要来源；民间征辟往往是在官方天文人员紧缺的情况下，皇帝发布诏书，向天下诸州征求民间比较优秀的天文历算人才。从本质上说，它是官方天文人员额外的一种补充方式，无论是深度还是广度，民间征辟的作用都极其有限。当然，不能排除朝廷有时也征召一些有天文特长的“术艺”和僧道人士进入天文机构。

一、官方培养

唐制，太史局（司天台）由于主要负责观察天文、稽定历数和掌知漏刻的工作，因而官方天文人才的培养也是按照这三个方面的需求进行的，分别由灵台郎、保章正和漏刻博士来具体负责。灵台郎本为唐初的天文博士，长安四年（704）武后更名，“掌观天文之变而占候之”，负责天文变异的观测与解释。除此之外，灵台郎还“掌教习天文气色”，是唐代天文人才的培养者。作为天文博士，灵台郎教授的学生有两类。一类是天文观生，“掌昼夜在灵台伺候天文气色”，负责“天文气色”的观测与记录；另一类是天文生，其职责与天文观生相同，只不过天文生“年深者”可转补为天文观生。天文生研习的教材，史籍失载，或可参照的是，日本的天文机构阴阳寮中，“天文生者天官书、汉晋天文志、三色簿赞、韩杨要集”，“历算生者汉晋律历志、大衍历议、九章、六章、周髀、定天论”[1]。可知日本天文生的必读教材有《史记·天官书》《汉书·天文志》《晋书·天文志》《三色簿赞》《韩杨要集》，历算生的必读教材有《汉书·律历志》《晋书·律历志》《大衍历议》《九章算术》《周髀算经》《六章》《定天论》。[2]是时（757）僧一行《大衍历》传入日本已经22年，且已成为官方历算生的学习课本。联系唐代历法在日本广为行用、流传的背景，笔者推测，日本阴阳寮中天

[1] 《续日本纪》卷20天平宝字元年（757）十一月癸卯条，《国史大系》第2卷，经济杂志社，1897，第340页。

[2] 李廷举、吉田忠主编：《中日文化交流史大系·科技卷》，浙江人民出版社，1996，第31—32页。

文生、历算生的必读教材，或是汲取、修订唐太史局（司天台）天文生、历生研习课本的结果。

保章正本为唐初的历博士，长安四年更名，“掌教历生”，负责历法人才的教授与培养。作为唐代历法人才的后备力量，历生的职责是“掌习历”，“同流外，八考入流”。[1] 从太史局“稽定历数”的职责来看，“历”很可能包括历法和历日两项内容，这两项内容历生都要学习。换句话说，负责唐代历算人才培养的保章正，主要教授历生有关历法推算及历日修造两个方面的知识。《文苑英华》收录的一件判文《习卜算判》称，“历生六年满”[2]，说明历生的修习年限为六年。判文还说，赵乙年方十六，因解卜算而被有司补充为历生。由此看来，唐代的历生也可从民间选取，至于选取标准，推测应是民间那些研习历算比较优秀的人员。

漏刻博士“掌教漏刻生”，负责唐代漏刻人才的培养与教授。隋制，漏刻生“掌习漏刻之节，以时唱漏”，[3]

[1] 《唐六典》卷 10《太史局》，第 303 页。

[2] 《文苑英华》卷 512 康子元《习卜算判》，第 2621 页。

[3] 《唐六典》卷 10《太史局》，第 305 页。

主要学习漏刻之法，从事昼夜时刻的划分和预报。在漏刻官员中，漏刻生的地位尽管最为低下，但其肩负的有关五更五点的报时工作却十分重要。通常而言，漏刻生由“中、小男”来担任，其中学习优秀者可以进转为典钟、典鼓。至于漏刻典事，“掌伺漏刻之节”，显然是学习“漏刻之节”的高级阶段，说明漏刻典事是从漏刻生中考核选拔而来。这样看来，唐代的漏刻官员差不多都是从漏刻生中逐级迁转而来，漏刻生其实是漏刻人员必须经历的学习阶段。正因为如此，唐代漏刻人才的培养主要通过漏刻博士教授漏刻生来完成。

需要说明的是，太史局（司天台）培养的天文生、历生和漏刻生，主要来源于“畴人子弟”[1]。这是因为古代天文知识的传承主要是以家传和世袭为主，所以官方天文人员的很大来源，就局限于本色的“畴人子弟”。

[1] 〔汉〕司马迁撰《史记》卷 26《历书》载：“幽、厉之后，周室微，陪臣执政，史不记时，君不告朔，故畴人子弟分散，或在诸夏，或在夷狄，是以其禨祥废而不统。”《集解》如淳曰：“家业世世相传为畴。律，年二十三傅之畴官，各从其父学。”《索隐》韦昭云：“畴，类也。”孟康云：“同类之人明历者也。”乐产云：“畴昔知星人。”中华书局，1959，第 1258—1259 页。

所谓“畴人子弟”，是指先祖或父辈曾经从事过天文工作，他们的后代子弟往往直接被吸收补充为国家的天文人员。“畴人子弟”由于从小能够接受天文的熏陶和训练，因而具有良好的专业基础和较高的知识水平。另外，唐代对天文的管理和控制比较严密，根据《唐律》的规定，其他官员与民间百姓一样，不得进行天文玄象的修行与学习，这就等于取消了非天文官员从事天文活动的可能性。由此他们对日月五星以及风云气色的观测与认识受到很大限制。于是，天文玄象的推演、学习及相关的天文活动，就被李唐王朝紧紧地局限在官方的天文官员及其子弟中进行。比如，唐代著名的天文学家李淳风自太宗贞观七年（633）“直太史事”以来，一直从事唐代的天文历算之学。高宗咸亨年间，淳风去世后，他的儿子李谚、孙子李仙宗“并为太史令”。[1] 又如学界比较关注的印度天学家瞿昙氏，先后三代担任唐朝的太史令、太史监、司天监，领导和主持唐朝官方的天文机构。从公元 665 年起，到 776 年止，历经高宗、中宗、武则天、玄宗、肃宗等朝，主

[1] 《旧唐书》卷 79《李淳风传》，第 2719 页。

持天文工作达110年以上。[1]《全唐文》收录的一件判文说，太史令杜淹教授儿子学习天文玄象，被人告发。有司作判说，“父为太史，子学天文”，认为“家风不坠”，[2]家学得到了继承，并不认为与唐代的天文政策相矛盾。因此对于私家所告，有司长官不予置理。这则判文表明，天文官员的子弟可以合法地进行天文玄象的钻研与学习，由此他们就有更多的机会进入国家的天文机构。

二、民间征辟

唐代天文人才的另一来源是民间征辟。这是在官方天文人员紧缺的情况下，皇帝发布诏书，向天下诸州征求民间比较优秀的天文历算人才。《文苑英华》收录的唐人判文——崔璀《私习天文判》载，定州望都县冯文“私习天文”虽为违法，但因“学擅专

[1] 陈久金:《瞿昙悉达和他的天文工作》,《自然科学史研究》1985年第4期；江晓原:《六朝隋唐传入中土之印度天学》,《汉学研究》1992年第2期，收入《江晓原自选集》，广西师范大学出版社，2001，第247—278页。

[2] 《全唐文》卷174张鹭《太史令杜淹教男私习天文兼有元象器物被刘建告勘当并实》，第1773页。

精”，经太史考核后被补充为官方的天文人员。[1] 另一件判文——康子元《习卜算判》表明，民间学习“卜算”比较优秀的人员，往往被官方吸收或补充为历生和卜筮生。[2]

联系唐代天文人才的培养体制，冯文的情况其实具有普遍意义。在唐代帝王诏令中，明确向天下征召天文人才的情况共有三次。第一次是武后大足元年（701）九月诏。诏文规定，太史局的历生、天文观生可以从“诸色人内”选择。[3] 于是，那些非天文家庭或天文背景的“诸色人”都有可能成为太史局选择的对象，这就打破了以往由“畴人子弟”垄断天文的局面，从客观上放松了李唐对天文的管理与控制。第二次是代宗大历二年（767）诏，颁布于正月二十七日，当时安史叛乱刚刚平息，唐王朝面临着重建政治制度的巨大任务。由于战乱的冲击，“畴人子弟”四处流散，司天台内的天文人员一度出现紧缺局面。在这种情况下，代宗发布诏书，向天下州郡的“官人百姓”征求天文

[1] 《文苑英华》卷 503 崔璀《私习天文判》，第 2583 页。

[2] 《文苑英华》卷 512 康子元《习卜算判》，第 2621 页。

[3] 《唐会要》卷 44《太史局》，第 796 页。

人才，只要能“解天文元（玄）象”，皆可委以任用。[1]但是，在五天前的二十二日，代宗还颁布了《禁藏天文图谶制》，严厉禁止民间天文图谶书籍的收藏和学习，“准法官人百姓等，私家并不合辄有”[2]。不难看出，对于同一对象的“官人百姓”，前后诏书却有完全相反的规定，充分说明代宗在天文管理方面的两难境地，从中也凸现了大历时期天文政策的矛盾性。第三次是德宗贞元三年（787）二月诏，此次向天下征召天文历算人才，并不是司天台官员欠缺所致，倒是因为德宗对司天台内天文官员的占候能力产生怀疑。德宗在诏书中说，“朕临御区宇，多历岁年，眷彼清台，罕闻奇妙，岂人不逮昔？”[3]大意是说，自己即位多年，但很少听说司天台官员占候的“奇妙”之术，于是他反问道：是不是现在的天文人员没有古代的那种才能呢？不难看出，德宗因为怀疑司天台官员的天文占候能力，故

[1]《唐会要》卷44《太史局》，第796页。

[2]《全唐文》卷410常衮《禁藏天文图谶制》，第4204页；《旧唐书》卷11《代宗纪》，第285页；《唐大诏令集》卷109《政事·禁约下》，第566页。诏敕的颁布时间，《旧唐书》系于“大历二年”，《唐大诏令集》作“大历三年”，此以《旧唐书》为据。

[3]《唐大诏令集》卷102《举荐上·访习天文历算诏》，第520页。

而降诏向民间征召天文人才，以此来充实司天台的天文力量，从整体上提高唐王朝天文观测的准确性。

唐代还注意吸收民间的僧道和方术之士进入天文机构。武德初，道士薛颐追随秦王，秘密为秦王李世民预言天下，秦王“乃奏授太史丞，累迁太史令”[1]。高祖时期的另一位道士傅仁均，因太史令庾俭的推荐而参与历法的修订工作，最后终因《戊寅历》的颁行而得以留在国家的天文机构，并且还担任了太史令的职务。[2]武则天执政时期，术士尚献甫本为道士，因精于天文历算而被武后擢为太史令，此后至死一直执掌国家的天文机构。[3]此外还有开元年间的僧人一行，也因天文特长而被玄宗召入集贤院。以后一行与率府兵曹参军梁令瓒等人改良了浑天仪，并且制定了《大衍历》，成为唐代僧道人员中最为杰出的天文学家。

三、天文人才的任用

唐王朝还通过多种渠道吸纳一些有天文历算特长

---

[1] 《旧唐书》卷 191《方伎·薛颐传》，第 5089 页。

[2] 《旧唐书》卷 79《傅仁均传》，第 2710 页。

[3] 《旧唐书》卷 191《方伎·尚献甫传》，第 5100 页。

的官员，以此来充实国家的天文力量。比如翰林院中专供皇帝服务的“步星”人员，常被吸收为天文官员。比较典型的是，肃宗朝韩颖因“善步星”“善星纬”而待诏翰林，[1] 乾元元年（758）他以“知司天台”的身份参与了肃宗主持的天文机构改革，上元二年（761）迁至司天监，并通过“月掩昴”的天象预言史思明及其部众将要灭亡。[2] 又如李素、李景亮父子，同样以翰林待诏起家，转而任职司天台，最后都担任了天文机构的最高长官——司天监。[3]

唐代还通过“直官”制度，[4] 培养天文官员。具体来说，通过“直太史”“直司天台”的官衔与名号，任命部分官员参与天文事务。比如唐初杰出的数理天文学家李淳风、出身天竺“天学”世家的瞿昙譔，以及参与肃宗天文机构改革的韩颖，分别以将仕郎、扶风

[1] 《新唐书》卷 208《宦者下 · 李辅国》，第 5882 页。

[2] 《旧唐书》卷 36《天文志下》，第 1325 页。

[3] 赖瑞和：《唐代的翰林待诏和司天台：关于〈李素墓志〉和〈卑失氏墓志〉的再考察》，荣新江主编：《唐研究》第 9 卷，北京大学出版社，2003，第 315—342 页。

[4] 李锦绣：《唐代制度史略论稿》，中国政法大学出版社，1998，第 1—56 页。

郡山泉府别将、太子宫门郎的身份“直太史局”“恩旨直太史监”和“直司天台”。这些在太史局（司天台）服务的直官，尽管品级不高，但经常参与一些重要的天文活动。比如李淳风铸成天文仪器——浑天黄道仪，瞿昙譔参与《大衍历》优劣的讨论，韩颖主持编修《至德历》等，对推动官方天文学的发展均有积极意义。

唐王朝还通过检校官、试官、知官、兼官等方式，任用诸多官员从事天文管理及相关的观测、记录和占候活动。《大周故宋府君墓志铭》云："君讳懿，字延嗣，广平人也。……父彦，见任朝请大夫、检校太史令。"[1]这里“检校太史令”即“检校官”，元人胡三省注曰："隋制，未除授正官而领其务者为检校官。"[2]《唐律疏议》卷2《名例律》“无官犯罪”条疏议云："依令，内外官敕令摄他司事者，皆为检校。"[3]按照唐令的解释，凡受皇帝敕令而典领他司（其他机构）事务者即为检校官。这表明宋彦原来并非天文官员，只是在帝王诏敕

[1] 周绍良、赵超主编:《唐代墓志汇编续集》，上海古籍出版社，2001，第333页。

[2] 《资治通鉴》卷178文帝开皇十三年(593)二月条，第5539页。

[3] 《唐律疏议笺解》，第175页。

的任命下“检校太史令”了，这很可能与宋彦有天文历算特长有关。

同样的情况还见于试官。景云三年（712），“正议大夫行太史令李仙宗”与“银青光禄大夫行太史令瞿昙悉达”“试太史令殷知易”等人奉敕修造浑仪。其中殷知易“试太史令”的官衔即为试官。杜佑《通典》谓“试者，未为正命”，其与检校、摄、判、知等“皆是诏除，而非正命”，[1] 都是受皇帝敕命的非正员官。殷知易既受敕令试任太史令职，从其参与天文仪器（浑仪）的修造来看，显然与“天文玄象”的专长有关。至于知官、兼官，如中宗神龙年间出于天竺迦叶氏家族的迦叶志忠以镇军大将军、右骁卫将军知太史事，高宗咸亨年间的严善思“以著作佐郎兼太史令”，通常情况下他们具有自己的本官职务（职事官），同时又以本官兼、知太史局（司天台）事务。

综上所述，唐王朝通过直官、检校官、试官、知官、兼官等任官方式，将官员群体中通晓玄象星历及有天文专长者吸纳进来，以此来充实国家的天文力量。

---

[1] 〔唐〕杜佑撰，王文锦等点校：《通典》卷19《职官一》，中华书局，1988，第471—472页。

一方面扩大了太史局（司天台）天文官员的基本建制，从整体上提高唐王朝天文观测与占候的准确性，进而促进官方天文学的发展。另一方面，这些官员的任用，事实上也打破了官营天学“畴人子弟”的人才培养模式。特别是翰林待诏和天文机构中的“步星”和“直太史”人员，都有可能成为官方天文学的后备力量和储备人才。至于检校官、试官等的选用，实际上也打破了传统天文官员的任官路径，那些非天文官员背景出身的官员同样有可能参与“观察天文”“稽定历数”的各种活动，[1] 唐代天文人才的培养与任用因而呈现出更多灵活务实的特征。

[1] 比如开元年间，僧一行与率府兵曹参军梁令瓒等人改良了浑天仪。又如景福元年（892），太子少詹事边冈与司天少监胡秀林、均州司马王墀“改治新历”，最终修成《崇玄历》。

第二章　唐代的天文星占

中国古代，“天文”的含义绝不限于今天纯正的观天象、定历法的自然科学意义。在很大程度上，“天文”被赋予了浓厚的人文内涵，渗透到政治、经济、军事、法律、意识形态等各领域，可谓是传统文化的重要组成部分。[1] 英国科技史专家李约瑟先生曾说：“天文与历法一直是‘正统’的儒家之学。”[2] 一方面，天文为圣王的教化天下提供了一定的规范和模式。所谓“观乎天文，以察时变；观乎人文，以化成天下”，即在于此。另一方面，天文还是圣王“参政”的重要依据，具有

[1] 席泽宗：《天文学在中国传统文化中的地位》，《中国古代天文学的社会功能》，收入氏著《科学史十论》，复旦大学出版社，2003，第133—164页。

[2] 《中国科学技术史》第4卷《天学》，第2页。

经世致用和指导社会实践的功能。《汉书·艺文志》载："天文者，序二十八宿，步五星日月，以纪吉凶之象，圣王所以参政也。"[1]《隋书·经籍志》也说："天文者，所以察星辰之变，而参于政者也。"[2]即言通过观察日月星辰的出没变化，从而为帝王"参政"提供天象依据。但是，天象的自然运行最终能成为皇帝处理军国大事的依据，是与太史局（司天台）的星象观测、解释和奏报密不可分的。尤其是天文官员的天象观测与预言，事实上构成了唐代天文星占的核心内容，在帝王政治中发挥着十分重要的作用。

第一节 唐代天象预言的基本依据

天文星占的成立，在很大程度上有赖于太史局（司天台）官员的天象观测与预言。一般来说，天象预言是结合当时的政治与社会情势，对观测到的异常天象予以解释和说明，从中阐发星象的吉凶意涵和政治象征意义。有唐一代，天文官员的天象预言并不是空穴

[1] 《汉书》卷30《艺文志》，第1765页。
[2] 《隋书》卷34《经籍志三》，第1021页。

来风和胡编乱造的，相反，他们通过某种固定的对应模式来揭示天象的警示意义。《唐六典 · 灵台郎》载：

> 灵台郎掌观天文之变而占候之。凡二十八宿，分为十二次：……所以辨日月之缠次，正星辰之分野。凡占天文变异、日月薄蚀、五星凌犯，有石氏、甘氏、巫咸三家中外官占。[1]

灵台郎“占候”的依据主要有二：一是十二次分野。从“二十八宿”、“十二次”以及“正星辰之分野”提供的信息来看，以天空中的二十八宿与地上的十二州建立对应关系的十二次分野，是天文官天象预言的基本依据，这在《新唐书 · 天文志》(简称《新志》)所见“楚分”“吴分”“秦分”“京师分”“宋分”“徐州分”“并州分”“豫州分”“扬州分”“燕分”“齐分”“卫分”等的预言中有明确体现。“分”即分野，意指天区与地域对应起来的原理和规则。所谓“分”的意义，其实旨在强调对应地区将有灾祸发生。通过这种分野预言，

[1] 《唐六典》卷 10《灵台郎》，第 304—305 页。

中央王朝可以大致确定灾祸降临的地理区域和空间范围，从而找到应对措施，做好各种准备工作，防微杜渐，防患于未然，将祸害在发生之前予以制止。比如，“京师分”的意义在于警示长安地区的灾祸和危机。作为政治中心，长安通常是重大政治事件、祭祀礼仪及外交活动的多发之地，自然天文官员对京师的关注程度远比其他地区要高。神龙三年（707）六月丁卯，日食东井二十八度，“京师分也”[1]。太史官的此次分野预言，可能与唐代中央的政治“革命”有关。同年七月，太子李重俊与羽林大将军李多祚等，矫发羽林军300余人，发动叛乱，先后杀死武三思及其党羽数十人，叛兵进至玄武门后，羽林军纷纷倒戈，太子李重俊、羽林大将军李多祚等人相继被杀。[2]此次宫廷政变，显然是长安地区的一次重大灾祸，故在日食预言中遂有“京师分”的解释。

灵台郎天象预言的另一依据是星官占，也就是史料提到的“石氏、甘氏、巫咸三家中外官占”。由于传统的天文三家（巫咸、石德、甘申）以北极为中心来

[1] 《新唐书》卷32《天文志二》，第829页。

[2] 《资治通鉴》卷208中宗景龙元年（707）七月条，第6611—6612页。

观测恒星，所以形成了中官、外官的划分。中官是北极附近的星空中观测到的星官，而赤道、黄道附近可观测到的星官则为外官。[1]从这个意义上说，“中外官占”的描述揭示了唐代天象预言中的另一种方式——星官占。大致来说，星象出现异常时，天文官首先将观测到的异常天象归于特定的星官中，然后按照天上星官与人间社会的对应关系，指出星官的对应事物，进而阐发星象的吉凶意义和应对措施。通过这种预言模式，中央王朝可以将灾祸的出现与帝王政治中的人物和事件联系起来。李德裕《为星变陈乞状》：“武德七年，荧惑犯左执法，右仆射萧瑀逊位；贞观十五年，荧惑犯上相，左仆射高士廉逊位。”[2]比照天上星官与人间官曹的对应关系，“左执法”“上相”都是太微垣内星官，它们与帝王政治中的宰辅大臣相对应，由此，“荧惑犯上相”就与人间帝国中宰相的忧郁和危机联系起来。

另外，纬书、天文志书中有关星宿性质的解释，也是天文官进行天象预言时援引或参照的依据。比如

---

[1] 陈遵妫:《中国天文学史》，上海人民出版社，2016，第175页。

[2] 《全唐文》卷704李德裕《为星变陈乞状》，第7227页。

轩辕为后宫，房宿为明堂，摄提主九卿，南斗为丞相（太宰），须女为少府，执法为廷尉，东壁主文章，轸宿为车骑，郎将主军事，等等，作为星占常识已经渗透到天文官员的知识和思想中。在具体的星象解读中，经常可以看到天文官也是引经据典，以古喻今；除了《史记·天官书》《汉书·天文志》《晋书·天文志》《隋书·天文志》外，诸如甘氏、石氏、巫咸《星经》，《黄帝占》《河图帝嬉览》《春秋文曜钩》《春秋感精符》《孙氏瑞应图》等纬书，以及前代的史传占验和征应故事都成为揭示星象警示意义的“经典”文献。特别是星官体系（紫微垣、太微垣、天市垣和二十八宿）中，二十八宿都有特定的象征意义。比如房为明堂，心为天王正位，营室为天子之宫，南斗主丞相，昴为胡星，[1]毕为边兵，奎为武库，东壁主图书文章，翼为远夷，轸主车驾，等等。若仔细梳理，各宿的对应事物及象征意义并不固定。如参宿原为铁钺，“主斩刈”，但唐人视为唐星，并将其与李渊建国联系起来。又箕宿为

[1] 《新唐书》卷 118《韦见素传》：至德元载（756）十月丙申，“有星犯昴，见素言于帝曰：‘昴者，胡也。天道谪见，所应在人，禄山将死矣。’”第 4268 页。

“后宫妃后之府”，但亦有风起之象。《诗经》“维南有箕，不可以播扬”，描述的正是簸箕倚风播扬的功能，乃至以后箕宿成为风伯（风师）的化身。元和十五年（820），太常礼院筹划祭祀风师之事，其中提到郑玄的解释：“风，箕星也。故令礼立春后丑于城东北就箕星之位，为坛祭之。”[1] 表明箕星作为风伯的主宗神位，在汉代已经纳入官方的祀典之中了。

二十八宿星数、象征意义及所属星座

二十八宿	星数	对应事物或象征意义	所属星座[2]
角	2	天阙、天门、天庭，主刑、兵	室女座
亢	4	天子之内朝，一曰疏庙，主疾疫	室女座
氐	4	王者之宿宫，后妃之府，休解之房	天秤座
房	4	明堂，天子布政之宫也	天蝎座
心	3	天王正位（太子、天子、庶子）	天蝎座
尾	9	后宫之场，妃后之府（王后、夫人、嫔妾）	天蝎座
箕	4	后宫妃后之府，主八风，又主口舌	人马座
南斗	6	天庙也，丞相太宰之位，主褒贤进士，禀授爵禄	人马座

[1] 《唐会要》卷22《祀风师雨师雷师及寿星等》，第427页。

[2] 二十八宿所属星座，参见〔英〕李约瑟：《中国科学技术史》第4卷《天学》，第150—153页；《中华科学文明史》第2卷，第104—107页。

续表

二十八宿	星数	对应事物或象征意义	所属星座
牵牛	6	天之关梁，主牺牲事	摩羯座
须女	4	天之少府，主布帛裁制嫁娶	宝瓶座
虚	2	冢宰之官，主邑居庙堂祭祀祝祷事，又主死丧哭泣	宝瓶座
危	3	主天府天市架屋	宝瓶座
营室	2	天子之宫，又为军粮之府及土功事	飞马座
东壁	2	主文章，天下图书之秘府也，主土功	飞马座
奎	16	天之武库，主以兵禁暴，又主沟渎	仙女座
娄	3	天狱，主苑牧牺牲，供给郊祀，亦为兴兵聚众	白羊座
胃	3	天之厨藏，主仓廪五谷府也	白羊座
昴	7	天之耳目，主西方，主狱事。又为旄头，胡星也	金牛座
毕	8	主边兵，主弋猎，一曰边将，主四夷之尉也	金牛座
觜觿	3	行军之藏府，主葆旅，收敛万物	猎户座
参	10	铁钺，主斩刈；又为天狱，主杀伐	猎户座
东井	8	天之南门，天之亭候，主水衡事，法令所取平也	双子座
舆鬼	5	天目，主视，明察奸谋	巨蟹座
柳	8	天之厨宰，主尚食，和滋味	长蛇座
七星	7	一名天都，主衣裳文绣，又主急兵盗贼	长蛇座

续表

二十八宿	星数	对应事物或象征意义	所属星座
张	6	主珍宝、宗庙所用及衣服，又主天厨饮食赏赉之事	长蛇座
翼	22	天之乐府，主俳倡戏乐，又主夷狄远客	巨爵座
轸	4	主冢宰，主车骑，主载任	乌鸦座

值得注意的是，“昴为胡宿”在贞观二十一年（647）唐朝讨伐龟兹，以及肃宗、代宗之际唐人预测安史叛军灭亡的占验中都得到了很好的印证。又东井星宿，主水衡事，寓意本为法令，但唐人往往将其与“京师分”联系起来，进而成为预测京师长安灾祸的星宿。天复三年（903），“荧惑徘徊于东井间，久而不去。京师分也”[1]。即言荧惑（火星）在东井星宿上空徘徊缠绕，长久也不离去，这是京师长安将有灾祸的征兆。这个宣示长安灾祸的天象，成为朱全忠挟持昭宗迁都洛阳的重要依据。以至于天祐元年（904）昭宗说：“罚星荧惑，久缠东井，玄象荐灾于秦分，地形无过于洛阳。”[2]既然天象显示长安将有灾祸发生，那么从禳灾避祸的角度考虑，洛阳无疑是迁都的最好地形了。可以看出，

[1] 《新唐书》卷33《天文志三》，第864页。

[2] 《旧唐书》卷20上《昭宗纪》，第780页。

昭宗仍然从天象的角度为建都洛阳寻找合理的依据。

另外，东方七宿中之第五宿——心宿，具有特别的政治象征意义。如《隋书·天文志》所载："心三星，天王正位也。中星曰明堂，天子位，为大辰，主天下之赏罚。……前星为太子，其星不明，太子不得代。后星为庶子，后星明，庶子代。"[1] 这就是说，心宿由三颗小星组成。其中央一星即心宿二（Antares），亦天蝎座 α，因色红似火，又名大火，是帝王或天子的象征。至于心前星和心后星，则分别是太子和庶子的对应。先天元年（712）七月，太平公主使术者言于上曰："彗所以除旧布新，又帝座及心前星皆有变，皇太子当为天子。"[2] 由于太平公主与太子李隆基的矛盾斗争异常激烈，故借助彗星的出现，太平公主力图通过术士的预言来离间太子李隆基与睿宗的关系，从而达到谋废太子的目的。由于彗星自春秋以来即寓有除旧布新的意义，[3]"帝座"在中宫华盖之下，为天子之位，"心前星"

---

[1] 《隋书》卷 20《天文志中》，第 544 页。

[2] 《资治通鉴》卷 210 玄宗先天元年（712）七月条，第 6673 页。

[3] 《左传·昭公十七年》："冬，有星孛于大辰，西及汉。申须曰：'彗所以除旧布新也。天事恒象，今除于火，火出必布焉。诸侯其有火灾乎？'"参见《十三经注疏》下，第 2084 页。

即与太子相应，“帝座及心前星皆有变”暗指太子谋发，发动政变。于是，在太平公主的授意下，术士得出了“皇太子当为天子”的预言。自然，这样的解释在星象学中也是至为合理的。

第二节　唐代星变的象征意义

《史记·天官书》载：“日变修德，月变省刑，星变结和。凡天变，过度乃占。”[1]在星象学中，“过度乃占”是中国古代天象观测与占卜的重要原则，它强调的是，日月星辰运行过程中出现的那些违反“常度”的异常天象才具有星占价值。根据两唐书《天文志》的记载，中国古代的“过度”天象主要有日食、月食、月犯列宿、五星凌犯、五星聚合以及彗星、流星、大星等。总体来看，这些异常天象的出现，传统观念普遍认为都是帝王失德、失政的原因所致。但细究之下，不同的“过度”天象往往传输或表达着迥然有别的星占意涵，故有逐一辨析的必要。

---

[1] 《史记》卷27《天官书》，第1351页。

一、日食

现代天文学认为，日食是月球介入太阳与地球之间，遮住日面全部或一部分的自然现象。但是，古代社会由于受自然条件和科技水平的限制，人们认为日食的出现并不是自然现象的发生，而是灾难来临的象征。比如普遍的观念,“日为太阳之精,积而成象人君”,与此相应，“月者，太阴之精，……以之配日，女主之象也；……列之朝廷，诸侯大臣之数也”。日食则是“月来掩之也,臣下蔽君之象”。[1]故在帝王政治中，日食的发生通常意味着君主统治的危机。贞观二十年（646）闰三月癸巳朔，日有食之，在胃九度，占曰:“主有疾。”此次日食，《新唐书·太宗纪》载:“三月己巳，至自高丽。庚午，不豫，皇太子听政。……闰月癸巳朔，日有食之。”[2]可见，太宗自高丽返回后，身体一直不适，积劳成疾，紧接着日食发生，所以太史官根

[1] 〔唐〕李淳风撰:《乙巳占》卷1《日占第四》《日蚀占第六》，卷2《月占第七》，丛书集成初编，中华书局，1985，第11页、第21页、第25页。

[2] 《新唐书》卷2《太宗纪》，第45页。

据太宗的身体状况做出了“主有疾”的预言。又如“大臣忧”，联系汉代日食策免三公的故事，并以苏颋《太阳亏为宰臣乞退表》为参照，可知是对宰辅大臣罢职、逊位之事的委婉表述。此外,《新志》的日食记录中还有“边兵”“旱”“礼失”“耗祥”等预言,它们均以“占曰”的形式揭示日食的警示意义。应当看到，肃宗上元二年（761）七月出现的日食，成为司天台预言史思明行将灭亡的依据。《旧唐书·天文志》载：

（上元）二年七月癸未朔，日有蚀之，大星皆见。司天秋官正瞿昙譔奏曰：“癸未太阳亏，辰正后六刻起亏，巳正后一刻既，午前一刻复满。亏于张四度，周之分野。甘德云，‘日从巳至午蚀为周’，周为河南，今逆贼史思明据。《乙巳占》曰，‘日蚀之下有破国’。”[1]

瞿昙譔“周分”的预言运用了两种分野模式。一种是基于日食的具体时辰而对应出来的时间分野，“日

[1] 《旧唐书》卷36《天文志下》，第1324页。

从巳至午蚀为周”，即属于此。另一种仍然是依照十二次分野来对应的。既然太阳运行到张宿四度时发生了亏缺现象，[1] 依据《乙巳占》“柳、七星、张，周之分野，自柳九度至张十六度”的记载，张宿四度正好位于这段星区宿度之内，因而属于“周之分野”。其对应地理区域，即以洛阳为中心的河南地区，当时正好为史思明所控制。因此，根据《乙巳占》“日蚀之下有破国”的说法，日食张宿四度就与史思明的灭亡联系了起来。

二、月食

现代天文学认为，月食是月球进入地球阴影，月面变暗的现象。[2] 但在古代，与日食的发生一样（意味着君主统治的忧郁和危机），月食的出现也被赋予了特别的政治意义。《乙巳占》云：“夫月者，太阴之精，……女主之象也；以之比德，刑罚之义也；列之

[1] 此次“太阳亏”现象，陈遵妫认为是经过长江流域的一次日全食。参见《中国天文学史》，第 655 页。

[2] 中国大百科全书总编辑委员会《天文学》编辑委员会、中国大百科全书出版社编辑部编：《中国大百科全书：天文学》，中国大百科全书出版社，1980，第 536 页。

朝廷，诸侯大臣之数也。”[1] 月食的发生常与后宫以及诸侯大臣的失职行为联系起来。

正像日食对帝王德行的警示一样，月食对后宫的品行同样具有规范和约束作用。乾元年间，后宫张皇后与宦官李辅国勾结，“横于禁中，干豫禁中”，肃宗深为不满。乾元二年（759）二月，张皇后暗示群臣“尊己号翊圣”，肃宗犹豫不决，中书舍人李揆奏曰：“自古皇后无尊号，惟韦后有之，岂足为法！”时逢月食发生，肃宗以“妇顺不修，阴事不得，谪见于天，月为之食”的逻辑，将这次月食归因于皇后的专横，认为“咎在后宫”，是皇后阴德不修及其失职行为所致，于是乘机取消了加封皇后尊号的活动。[2]

大历年间，代宗在御史大夫李栖筠的谏言下，利用“月蚀修刑”的时机整顿吏治，将元载党羽贬黜出京，[3] 这说明月食的发生还与“臣道”的守中与否颇有联系，故而成为规范和约束大臣行为的重要依

---

[1] 《乙巳占》卷 2《月占第七》，第 25 页。

[2] 《旧唐书》卷 10《肃宗纪》，第 254 页；《新唐书》卷 77《后妃传下·张皇后》，第 3498 页；《资治通鉴》卷 221 肃宗乾元二年（759）条，第 7068 页。

[3] 《新唐书》卷 146《李栖筠传》，第 4737 页。

据。值得注意的是，《新唐书》有两处月食列宿的记载。其一，贞观二十一年（647）十二月，月食昴宿，天文官预言“天子破匈奴”。[1]这次月食，《新唐书·龟兹传》载：

> 二十一年，两遣使朝贡，然帝怒其佐焉耆叛，议讨之。是夜月食昴，诏曰：“月阴精，用刑兆也；星胡分，数且终。”乃以阿史那社尔为昆丘道行军大总管，契苾何力副之，率安西都护郭孝恪、司农卿杨弘礼、左武卫将军李海岸等发铁勒十三部兵十万讨之。[2]

是时龟兹为西突厥属国，又与焉耆互相依托，在西域诸国中具有举足轻重的地位。因此，唐军的胜利最终确立了中央王朝对于西域的绝对统治地位。由此看来，月食昴中“天子破匈奴”的预言其实就是唐王朝讨伐龟兹并取得重大胜利的间接反映。

其二，贞元四年（788）八月，月星运行到东壁时

[1] 《新唐书》卷 33《天文志三》，第 852—853 页。

[2] 《新唐书》卷 221 上《龟兹传》，第 6230—6231 页。

出现了亏缺。宰相李泌预言说："东壁，图书府，大臣当有忧者。吾以宰相兼学士，当之矣。昔燕国公张说由是以亡，又可免乎？"第二年，李泌"果卒"，享年六十八岁。[1]显而易见，月食的发生还有大臣灾祸的预测功能，《史记·天官书》"月蚀，将相当之"，或指于此。

月食出现后帝王还要进行各种"修刑"活动以禳除灾变。崔致远《贺月食德音状》载："以太阴薄蚀，曲赦三川管内囚徒，及委诸镇收拾埋瘞京畿四面暴露骸骨者。"[2]表明月食后帝王的"修刑"主要集中于赦免囚徒、收拾和掩埋骸骨以及讼理冤屈。这些举措与日食、彗星出现时帝王的修德、修政措施并无二致。同时，比照"合朔伐鼓"的救日礼仪，月食出现时朝廷也要组织击鼓禳灾活动。联系日食救护礼仪中太史的核心作用，笔者推测，月食击鼓的仪式很可能也是由天文长官太史令来领导和组织的。

---

[1]《新唐书》卷139《李泌传》，第4638页。

[2]〔唐〕崔致远：《贺月食德音状》，《唐文拾遗》卷36，第10779—10780页。

三、月犯昴

“月犯昴”是太阴（月亮）侵犯二十八宿中昴宿的天象。我们知道，星象学中昴宿的变动常常用来预测外族和胡兵的入侵，[1]故而“月犯昴”的天象意味着胡族的破灭和死亡。《石氏星经》云：“月入昴中，胡王死。”

---

[1] 顾炎武在《日知录》中说：“昔人言五胡诸国唯占于昴北，亦不尽然。(《晋志》云：“是时虽二石僭号，而其强弱常占于昴，不关太微、紫宫。”)考之史，流星入紫宫而刘聪死，荧惑守心而石虎死，孛星、太微、大角、荧惑、太白入东井而苻生弑，彗起尾箕，扫东井而燕灭秦，彗起奎娄，扫虚危而慕容德有齐地，太白犯虚危而南燕亡，荧惑在匏瓜中，忽亡入东井而姚秦亡，荧惑守心而李势亡，荧惑犯帝座而吕隆灭，月掩心大星而魏宣武弑，荧惑入南斗而孝武西奔，月掩心星而齐文宣死，彗星见而武成传位，彗星历虚危而齐亡，太白犯轩辕而周闵帝弑，荧惑入轩辕而明帝弑，岁星掩太微上将而宇文护诛，荧惑入太微而武帝死。若金时，则太白入太微而海陵弑，白气贯紫微而高琪杀胡沙虎，彗星起大角而哀宗灭。其他难以悉数。夫中国之有都邑，犹人家之有宅舍，星气之失，如宅舍之有妖祥，主人在则主人当之，主人不在则居者当之，此一定之理。而以中外为限断，乃儒生之见，不可语于天道也。”顾氏认为，预测五胡兴亡的星象，并不仅限于昴宿，其他如流星、彗星、荧惑、太白乃至云气等，其实都有占验胡族活动的功能，而不能拘泥于儒生“五胡诸国唯占于昴北”的陋见。参见〔清〕顾炎武著，黄汝成集释，栾保群、吕宗力校点：《日知录集释》，上海古籍出版社，2006，第1691—1692页。

《河图帝嬉览》称："月犯昴，天子破匈奴。"[1] 从星占的象征意义上说，这里"匈奴"即为胡兵外族的泛称。又《乙巳占》曰："月犯昴，将军死，胡不安，或背叛。"[2] 即在中央对外的民族战争中，"月犯昴"预示着边境外族的失败和灭亡。至德元载（756）十月，当安史之乱刚刚爆发，李唐节节败退之际，大臣韦见素就预测安禄山将要死亡。《新唐书·韦见素传》载：

是岁十月丙申，有星犯昴，见素言于帝曰："昴者，胡也。天道谪见，所应在人，禄山将死矣。"帝曰："日月可知乎？"见素曰："福应在德，祸应在刑。昴金忌火，行当火位，昴之昏中，乃其时也。既死其月，亦死其日。明年正月甲寅，禄山其殪乎！"帝曰："贼何等死？"答曰："五行之说，子者视妻所生。昴犯以丙申。金，木之妃也；木，火之母也。丙火为金，子申亦金也。二金本同末异，还以相克，贼殆为子与首乱者更相屠戮乎！"

---

[1] 〔唐〕瞿昙悉达：《唐开元占经》卷13《月占·月与列宿相犯》，中国书店，1989，第117页。

[2] 《乙巳占》卷2《月干犯列宿占第九》，第32页。

及禄山死，日月皆验。[1]

根据“星犯昴”的天象和五行相克理论，韦见素预言说，安禄山必将为其子所杀，时间为至德二载正月甲寅。联系上元二年司天监关于“月掩昴”的天象预言，这里“星犯昴”其实就是月星侵犯昴宿的天象。安禄山为“营州杂胡”已为学界共知，故以“月犯昴”而预言他的死亡，星占中确是合情合理。不过，清代学者赵绍祖考证说，韦见素预言禄山死亡日期与实际情况相差一至五日，因此传文“日月皆验”的记载与事实不符，并推断说，“见素传所云，传闻不足信矣”。[2]实际上，中古星占主要着眼于未来事件的大致预测，因而它的时间属性（占验期限）不可能完全准确。韦见素预言的占期虽然与实际情况偏差几日，但据此而否定传文的史料价值，恐有偏颇之嫌。与此相关的还有一则预言史思明死亡的占例，《旧唐书·天文志》载：

[1] 《新唐书》卷118《韦见素传》，第4268页。

[2] 〔清〕赵绍祖撰：《新旧唐书互证》卷13，丛书集成初编，中华书局，1985，第216页。

> （元年）建子月癸巳亥时一鼓二筹后，月掩昴，出其北，兼白晕；毕星有白气从北来贯昴。司天监韩颖奏曰："按石申占，'月掩昴，胡王死'。又'月行昴北，天下福'。臣伏以三光垂象，月为刑杀之征。……毕、昴为天纲，白气兵丧，掩其星则大破胡王，行其北则天下有福。巳为周分，癸主幽、燕，当羯胡窃据之郊，是残寇灭亡之地。"明年，史思明为其子朝义所杀。[1]

需要说明的是，星占对于行星运行状态的界定十分严格。比如"犯"，《乙巳占》解释说："月及五星，同在列宿之位，光曜自下迫上，侵犯之象。七寸以下为犯，月与太白，一尺为犯。"至于"掩"，则是"覆蔽而灭之"。[2] 从星占的基本规定来看，"月掩昴"是说月星的光芒覆盖了整个昴宿，因而月星对于昴宿的侵犯程度显然要比"月犯昴"严重得多。尽管如此，两者共有"胡王死"的象征意义，而叛军首领史思明是"宁夷州突厥种"，亦为胡族，正与此同。又据唐书本纪

[1] 《旧唐书》卷36《天文志下》，第1325页。

[2] 《乙巳占》卷3《占例第十六》，第61页。

所载，史思明被其子朝义所弑事在上元二年（761）三月，《天文志》系于宝应元年（762），疑误。从表面来看，司天监“残寇灭亡”的预言是从“月掩昴”的分析和解释中得出的。但是，韩颖的解析恐怕不能脱离李唐平叛的整体形势。因为当时平叛战争已经持续了七年，安史败退的局面已经十分明显，李唐平叛的胜利也指日可待。加之安史叛军不得人心，人们也迫切希望叛军早日失败和灭亡。从这个意义上说，韩颖的预言其实反映了当时人们的普遍愿望，因而从人心思定的角度来说，这次预言无疑有理性的成分在内。

四、五星凌犯

“五星凌犯”主要是指太白（金）、荧惑（火）、岁星（木）、辰星（水）和镇星（土）五星侵犯列宿（二十八宿）及中官、外官的天象。由于它包含的异常天象非常庞大，所以“五星凌犯”的星占预言也十分复杂。从两唐书《天文志》的记载来看，诸如太白经天、太白犯左执法、荧惑守心、荧惑犯上相、镇星入氐、岁星守尾等天象，均属“五星凌犯”之列。如永徽六年

(655)七月乙亥，岁星守尾，占曰:“人主以嫔为后。”[1]同年十月，高宗废皇后王氏为庶人，立昭仪武氏为皇后，大赦天下。由此来看，天文官的预言正是高宗册立武则天为后的间接反映。

如《新志》所载:“天宝十三载五月，荧惑守心五旬余。占曰:‘主去其宫。’”[2]黄一农先生指出，“荧惑守心”即荧惑（火星）在心宿发生由顺行（自西向东）转为逆行（自东向西）或由逆行转为顺行，且停留在心宿一段时期的现象。由于“荧惑守心”涵盖荧惑逆行的天象，且涉及与君主关系密切的心宿，故在星占学上被视为可直接影响到统治者命运的极严重凶兆。[3]正由于此，天宝十三载的天象也预示了玄宗皇帝的统治危机。“主去其宫”，顾名思义，是说君主因为迫不得已而离开他的宫廷，这正好与两年后玄宗西奔蜀地的无奈和狼狈联系了起来。因此可以说，天宝十三载的此次预言，较为含蓄地影射了安史叛乱的历史背景。

[1]《新唐书》卷33《天文志二》，第853页。

[2]《新唐书》卷33《天文志三》，第856页。

[3] 黄一农:《星占、事应与伪造天象：以“荧惑守心”为例》,《自然科学史研究》1991年第2期。

需要指出的是，预言安史叛乱的天象还有“月食岁星在东井”，这是发生于天宝十四载十二月的一次天象。其官方预言，《新志》记录说“其国亡”，又曰“东井，京师分也”。前已指出，“京师分”的预言强调的是唐京师长安地区的灾祸和危机。联系当时的政治形势，安史叛乱刚刚爆发，河北郡县多望风瓦解，安禄山攻陷东都，陇右节度使哥舒翰委以重任，镇守潼关。十五载六月，潼关失守，玄宗率文武百官仓皇奔蜀，叛军攻入长安。如同玄宗颠沛流离的逃亡生涯一样，唐王朝处于风雨飘摇的艰难境地，而中央官署及诸司机构事实上陷于瘫痪状态。从此意义上说，唐王朝颇有“国亡”的味道，《新志》的天象预言其实就是安史叛乱的反映。至于荧惑犯执法、荧惑犯五诸侯、荧惑犯上相等，俱属荧惑犯太微的星象系统，大致是宰辅将相大臣政治进退和禄命生死的预测，[1] 可谓是“大臣忧”的另类表述。

---

[1] 赵贞:《唐宋天文星占与帝王政治》，北京师范大学出版社，2016，第 252—267 页。

五、五星聚合

五星聚合是指金（太白）、木（岁星）、水（辰星）、火（荧惑）、土（镇星）五星在运行过程中出现的至少有两颗以上的星彼此相近或相合的天象。在《新志》的天象记录中，即有“五星聚合”的排列，仔细梳理，可以发现这些有关“聚合”的星象记录，在很大程度上与当时的政治与社会形势相关联。如武德元年（618）七月丙午，“镇星、太白、辰星聚于东井。关中分也”。联系当时的政治形势，“关中分也”的预言正是李渊立足关中，建立唐朝的模糊表述。武德九年（626）六月己卯，“岁星、辰星合于东井，占曰：‘为兵谋。’”[1] 揆之史实，此次二星聚合应是玄武门之变的曲折反映。乾元元年（758）四月，荧惑、镇星、太白聚于营室，太史南宫沛奏：“所合之处战不胜，大人恶之，恐有丧祸。”[2] 根据《旧唐书·天文志》的记载，这次三星聚合的天象，正是翌年郭子仪等九节度使兵败相州的预兆。

四星聚合的天象，从《宋书·天文志》所收汉魏

[1] 《新唐书》卷33《天文志三》，第865页。

[2] 《旧唐书》卷36《天文志下》，第1324页。

时期的九则占验事例来看，具有改朝换代和帝王兴起的象征意义。[1] 对当朝皇帝而言，星变的发生绝非吉祥喜庆的征兆，相反应是忧郁、危机或灾祸降临的预示。根据《乙巳占》和《开元占经》的记载，四星聚合的天象可吉可凶，[2] 比较复杂，是否吉凶主要在于帝王的修德程度。《旧五代史·庄宗纪》载：

---

[1] 〔梁〕沈约撰《宋书》卷25《天文志三》载："《星传》曰：'四星若合，是谓太阳，其国兵丧并起，君子忧，小人流。五星若合，是谓易行。有德受庆，改立王者，奄有四方；无德受罚，离其国家，灭其宗庙。'……四星聚者有九：汉光武、晋元帝并中兴，而魏、宋并更纪。是则四星聚有以易行者矣。昔汉平帝元始四年，四星聚柳、张，各五日。柳、张，三河分。后有王莽、赤眉之乱，而光武兴复于洛。晋怀帝永嘉六年，四星聚牛、女，后有刘聪、石勒之乱，而元皇兴复扬土。汉献帝初平元年，四星聚心，又聚箕、尾。心，豫州分。后有董卓、李傕暴乱，黄巾、黑山炽扰，而魏武迎帝都许，遂以兖、豫定，是其应也。一曰：'心为天王，大兵升殿，天下大乱之兆也。'韩馥以为尾箕燕兴之祥，故奉幽州牧刘虞，虞既距之，又寻灭亡，固已非矣。尾为燕，又为吴，此非公孙度，则孙权也。度偏据僻陋，然亦郊祀备物，皆为改汉矣。建安二十二年，四星又聚。二十五年而魏文受禅，此为四星三聚而易行矣。蜀臣亦引后聚为刘备之应。案太元十九年、义熙三年九月，四星各一聚，而宋有天下，与魏同也。"显然，沈约在《天文志》中，将东汉、西晋以及魏国、蜀国的建立，都与四星聚合联系起来。中华书局，1974，第735—736页。

[2] 日本学者桥本敬造指出，四星聚合的场合，兵乱和死葬同时发生，君子忧患，身份低的人流亡。参见〔日〕桥本敬造著，王仲涛译：《中国占星术的世界》，商务印书馆，2012，第141页。

初，唐咸通中，金、水、土、火四星聚于毕、昴，太史奏："毕、昴，赵、魏之分，其下将有王者。"懿宗乃诏令镇州王景崇被衮冕摄朝三日，遣臣下备仪注、军府称臣以厌之。其后四十九年，帝破梁军于柏乡，平定赵、魏，至是即位于邺宫。[1]

这次四星聚合的天象，《新志》也有记载，并提到"王景崇被衮冕"和"军府称臣"厌胜之事，[2]但并没有与李存勖称帝建立对应关系。因此，将四星聚合与49年后庄宗的兴起联系起来，可能是后来的史家薛居正（《旧五代史》的作者）蓄意比附的结果。尽管如此，太史"毕、昴，赵、魏之分"的预言却可以相信，毕竟这是李淳风分野学说的复述。[3]可以肯定，这次天象出现后，当时的天文官就是根据星占的分野理论而进行天象预言和占卜的。

[1] 《旧五代史》卷29《庄宗纪三》，第403页。

[2] 《新唐书》卷33《天文志三》，第868页。

[3] 《乙巳占》卷3《分野第十五》："胃、昴，赵之分野。……毕、觜、参，晋魏之分野。"第47—48页。

值得注意的是,《新志》还有五星聚合的记录。“天宝九载八月,五星聚于尾、箕,荧惑先至而又先去。尾、箕,燕分也。占曰:‘有德则庆,无德则殃。’”[1] 此次五星会聚尾宿的天象,新出《严复墓志》作“四星聚尾”,志文称:“天宝中,公见四星聚尾,乃阴诫其子今御史大夫、冯翊郡王庄曰:‘此帝王易姓之符,汉祖入关之应,尾为燕分,其下必有王者,天事恒象,尔其志之。’”[2] 志文将此天象与“汉祖入关”故事相比拟,然揆之《史记》“汉之兴,五星聚于东井”,[3] 可知宣示汉高祖入关的实为罕见的五星聚合。由此看来,五星会聚或四星聚合在当时似乎区别不大,皆可视为天下大乱、易代革命之兆。[4] 星象学的分野学说中,“尾、箕,燕之分野”,其辖地“东有渔阳、右北平、辽东、辽西、上谷、代郡、雁门,南得涿郡之易、容城、范阳、北新城、固安、涿县、良乡、新昌,及渤海之安次、乐浪、玄菟、朝鲜,

---

[1] 《新唐书》卷33《天文志三》,第865页。

[2] 仇鹿鸣:《五星会聚与安史起兵的政治宣传:新发现燕〈严复墓志〉考释》,《复旦学报》2011年第2期。

[3] 《史记》卷27《天官书》,第1348页。

[4] 仇鹿鸣:《五星会聚与安史起兵的政治宣传:新发现燕〈严复墓志〉考释》,《复旦学报》2011年第2期。

皆燕之分也，属幽州”。[1] 正是当时安禄山节度、控驭的地理区域，此地“必有王者”，又有“帝王易姓之符”，如此要素，都得到了安禄山的充分利用，这次天象也成为他塑造天命、笼络人心、鼓噪声势，乃至起兵叛乱的重要依据。

六、彗星

现代天文学认为，彗星（comet）是在扁长轨道（极少数在近圆轨道）绕太阳运行的一种质量较小且呈云雾状的天体。由于它的独特外貌，中国民间又称彗星为“扫帚星”，认为它是带来晦气和灾难的天象。[2] 彗星的警诫作用，已经不限于除旧布新的象征意义，举凡有关君主、大臣、兵事、四夷、流民、水旱灾害等，都成为彗星警示人们的重要内容。无论哪种情况，彗星的出现似乎都预示着特定灾祸的即将到来。

总章元年（668）四月，彗星见于五车，太子少师许敬宗奏：“彗见东北，高丽将灭之兆也。”这里“五车”，胡三省注曰：“五车，五星，五帝车舍也，五帝

[1] 《乙巳占》卷3《分野第十五》，第45页。

[2] 《中国大百科全书：天文学》，第155页。

坐也，主天子五兵；一曰：主五谷丰耗。西北大星曰天库，主太白，主秦；次东北曰狱，主辰星，主燕、赵；次东星曰天仓，主岁星，主鲁、卫；次东南曰司空，主填星，主楚；次西南曰卿星，主荧惑，主魏。五星有变，皆以其所占之。据《旧纪》，五车在昴、毕间。”[1]当时的燕赵之地正值唐朝讨伐高丽的战争，因而许敬宗附会说，“星孛于东北，王师问罪，高丽将灭之征”[2]。无独有偶，李商隐《为汝南公贺彗星不见复正殿表》称：“况蕞尔戎、羯，正犯疆场，载思星见之征，恐是虏亡之兆。”[3]这里“虏亡”，与前引“高丽将灭”，显然是根据当时的军事情况而做出的战争推断，说明彗星还有战争胜负（虏亡）的预测功能。

彗星也有兵事、大乱的象征。释圆仁《入唐求法巡礼行记》载：

（开成三年十月）廿三日，（游击将军）沈弁

[1] 《资治通鉴》卷201高宗总章元年（668）四月条，第6355页。

[2] 《旧唐书》卷36《天文志下》，第1320页。

[3] 《文苑英华》卷561李商隐《为汝南公贺彗星不见复正殿表》，第2870页。

> 来云："彗星出，即国家大衰及兵乱。东海主鲲鲸二鱼死，占为大怪，血流成津。此兵革众起，征天下，不扬州合上都。前元和九年三月廿三日夜，彗星出东方。到其十月，应宰相反。王相公已上，计煞宰相及大官都廿人，乱煞计万人已上。"僧寺虽事未定，为后记之。入夜至晓，出房，见此彗星在东南隅，其尾指西，光极分明。远而望之，光长计合有十丈已上。诸人佥云："此是兵剑之光耳。"[1]

据《旧唐书·文宗纪》记载，开成三年十月，并无彗星出现。倒是十一月有"彗星见"，当时文宗还颁布了修省诏书以示禳灾。可以肯定，沈弁所谓"国家大衰及兵乱"的预言，就是针对这次彗星而言。至于元和九年"彗星出东方"，两唐书《天文志》和《唐会要·彗孛》均没有相关记载。日本学者小野胜年认为，元和九年三月可能是太和九年六月之误，[2]应是。《旧

[1]〔日〕释圆仁原著，白化文、李鼎霞、许德楠校注：《入唐求法巡礼行记校注》，花山文艺出版社，2007，第58页。

[2]《入唐求法巡礼行记校注》，第58—60页。

唐书·天文志》载：

（太和九年）六月庚寅夜，月掩岁星。丁酉夜一更至四更，流星纵横旁午，约二十余处，多近天汉。其年十一月，李训谋杀内官，事败，中尉仇士良杀王涯、郑注、李训等十七家，朝臣多有贬逐。[1]

显然，《天文志》将此次星变与“甘露之变”联系起来，宰相李训、王涯等官僚集团在与宦官仇士良的斗争中失败，李、王均被杀，株连者千余人。这与沈弁所说“王相公已上，计煞宰相及大官都廿人，乱煞计万人已上”的情况正相契合。

唐代有关彗星预言的材料相对较少，但是其中仍能看到分野理论的运用。咸通十年（869）十二月，懿宗诏敕荆南节度使杜悰说：

据司天奏，有小孛星气经历分野，恐有外夷

[1] 《旧唐书》卷36《天文志下》，第1333页。

兵水之患。缘边藩镇，最要堤防，宜训习师徒，增筑城堡。凡关制置，具事以闻。[1]

根据《新志》的记载，这里“孛星”指的是八月彗星的出现。[2]“分野”即彗星的运行所对应的地理区域。如此，可对诏书这样理解：司天台先是观测到彗星的出没变化，然后据十二次分野理论，预言唐荆南地区将有“外夷兵水”的祸患。接着向皇帝建议，“缘边藩镇”注意训练军队，增建城池，抢修堡垒，做好“兵水之患”的预防工作。懿宗采纳后，又以诏敕的形式将这些措施法令化，命令荆南节度使严加戒备，“最要堤防”，从整体上加强他们的军事防御能力。

七、流星

武德三年（620）十月十三日，有流星坠于东都城内。高祖询问侍臣：“此何祥也？”起居舍人令狐德棻说：“司马懿之伐辽东也，有流星坠辽东梁水上，寻而

[1]《旧唐书》卷19上《懿宗纪》，第674页。

[2]《新唐书》卷32《天文志二》：“（咸通）十年八月，有彗星于大陵，东北指。占为外夷兵及水灾。”第840页。

公孙渊败走，晋军追之，至其星坠所，斩之。此王世充灭亡之兆也。”[1]令狐德棻的解释看起来是迎合高祖的献媚之词，但在星占中其实颇为合理。流星在军事上的胜负预测，星占中特别强调坠落的地点，这是决定军事胜负最为关键的天象依据。正如《乙巳占》所说：“坠星之所，其下流血破军杀将，为咎最深。”[2]既然如此，流星坠落在东都城内，而东都又为王世充的根据地，是时正当李唐与王世充激烈地交战之中，故而令狐德棻得出了王世充必然灭亡的判断。

流星军事败亡的象征意义比较普遍，它在农民起义、军事谋叛以及对外的民族战争中都有表现。比如，永徽四年（653）的陈硕真起义，《新唐书·天文志》载：“（永徽）四年十月，睦州女子陈硕真反，婺州刺史崔义玄讨之，有星陨于贼营。”[3]这里“星陨”即为流星。《旧唐书·崔义玄传》记载说：

永徽初，累迁婺州刺史。属睦州女子陈硕真

[1] 《唐会要》卷43《流星》，第774—775页。

[2] 《乙巳占》卷7《流星占第四十》，第115页。

[3] 《新唐书》卷32《天文志二》，第842页。

> 举兵反，遣其党童文宝领徒四千人掩袭婺州，义玄将督军拒战。……夜有流星坠贼营，义玄曰："此贼灭之征也。"诘朝进击，身先士卒，左右以楯蔽箭，义玄曰："刺史尚欲避箭，谁肯致死？"由是士卒勠力，斩首数百级，余悉许其归首。进兵至睦州界，归降万计。[1]

所谓"贼营"，即陈硕真军营，这是正史对农民起义诬蔑的惯用手法。因为流星降落在起义军的大营中，所以陈硕真的失败和灭亡似乎是不可避免的。

再看徐敬业叛乱。史载："时敬业回军屯于下阿溪以拒官军，有流星坠其营。孝逸引兵渡溪以击之。敬业初胜后败，孝逸乘胜追奔数十里，敬业窘迫，与其党偕妻子逃入海曲。孝逸进据扬州，尽捕斩敬业等。"[2]这次流星的出现，《旧唐书·魏元忠传》也有记载："初，敬业至下阿，有流星坠其营，……固请决战，乃平敬

[1] 《旧唐书》卷77《崔义玄传》，第2688—2689页；《新唐书》卷109《崔义玄传》，第4092页。

[2] 《旧唐书》卷60《李孝逸传》，第2344页。

业。”[1] 同样是流星坠落军营在前，徐敬业失败在后。根据史料的记载，两者似乎具有一定的因果关系。也就是说，“流星坠其营”正是敬业灭亡、唐军胜利的预兆。

流星军事败亡的事例在中央对外的民族战争中也有表现。贞观十九年（645）二月，太宗亲征高丽。大军进至安市时，与高丽北部傉萨高延寿发生了激战。《新唐书·高丽传》载：

> 是夜，流星堕延寿营。旦日，虏视勣军少，即战。帝望无忌军尘上，命鼓角作，兵帜四合，虏惶惑，将分兵御之，众已嚣。勣以步槊击败之，无忌乘其后，帝自山驰下，虏大乱，斩首二万级。延寿收余众负山自固，无忌、勣合围之，彻川梁，断归路。帝按辔观虏营垒曰：“高丽倾国来，一麾而破，天赞我也。”[2]

实际上，唐军分为三部，分别由李勣、太宗和长

[1] 《旧唐书》卷 92《魏元忠传》，第 2952 页。

[2] 《新唐书》卷 220《高丽传》，第 6192 页。

孙无忌率领，从正面和背后夹击高丽。因此官军的胜利，在很大程度上要归因于军事策略的灵活多变，但史书记载说“流星堕延寿营”，从星占的角度说明高丽灭亡是天命所为，不可避免。又《高昌传》载：“(侯)君集奄攻田地城，契苾何力以前军鏖战，是夜星坠城中，明日拔其城，虏七千余人。”[1] 根据现代天文学的统计分析，这次“星坠”仍然是流星的坠落。[2] 由于它降落于田地城中，故而高昌国失败，而唐军取得了胜利。显而易见，这是流星陨落而预示战争失败的又一事例。

流星的出现还有官员死亡的预兆。《太平广记·征应》有一则故事说：太子仆通事舍人王儦与嬖姬饮酒作乐，有流星大如盎，光明照耀，坠于井中，“在井久犹光明”。儦使人寻找，但无所获。王儦自觉不安，后流徙播州，更加恐惧，行至凤州后，竟然“疽背裂死”。[3]

---

[1] 《新唐书》卷 221 上《高昌传》，第 6222 页。

[2] 北京天文台主编：《中国古代天象记录总集》，江苏科学技术出版社，1988，第 639 页。

[3] 〔宋〕李昉等编：《太平广记》卷 143《征应九·王儦》，中华书局，1961，第 1029 页。

八、大星

延和元年（712）六月，唐幽州都督孙佺率军讨伐突厥所属的奚、契丹等族，行军前夕，“有大星陨于营中”，表明官军将有很大不利。结果冷陉大战中，孙佺为奚酋李大酺欺骗，士卒大溃，全军覆灭，而孙佺本人也为奚族擒获，呈献突厥而为默啜所杀。[1] 这里“大星陨”之事，张鷟《朝野佥载》载：

> 幽州都督孙佺之入贼也……出军之日，有白虹垂头于军门。其夜，大星落于营内，兵将无敢言者。军行后，幽州界内鸦乌鸱鸢等并失，皆随军去。经二旬而军没，乌鸢食其肉焉。[2]

笔记通过一系列不祥征兆的列举，更加突出了大星所谓军事败亡的象征意义。此外，至德二载（757）“大星坠落贼营”以及光启三年（887）“大星陨于其营”

[1] 《资治通鉴》卷 210 玄宗先天元年（712）六月条，第 6672—6673 页。
[2] 《朝野佥载》卷 1，第 20 页。

分别是武令珣和秦宗权作战失败的征兆。[1] 由此看来，大星隐含的军事败亡的预兆在唐人的思想观念中比较流行。

第三节 唐代政治斗争中的星象元素

异常天象的出现还常常被政治斗争的有关势力所利用。特别是唐前期，几乎每次重大政治事件的背后，都隐约地存在着天文的影子或者星象的细微变化。在“天人合一”成为中古知识与思想的背景之下，星象的细微变化似乎都能反映天命所属的象征意义，因而在帝王禅代中时常会出现宣示受命于天的星象因素和天文背景。另外，在政治斗争的非常时刻，有关的势力和集团总是从星象的细微变化中寻找击败对方的依据。经过“有识之士”的蓄意利用和解释，星象又成为政治斗争中扩大声势的舆论工具。

[1] 《新唐书》卷 32《天文志二》：“至德二载，贼将武令珣围南阳，四月甲辰夜中，有大星赤黄色，长数十丈，光烛地，坠贼营中。……（光启）三年五月，秦宗权拥兵于汴州北郊，昼有大星陨于其营，声如雷，是谓营头。其下破军杀将。”第 843 页、第 847 页。

一、参墟得岁

《资治通鉴》卷 183 载：

> （李）渊之为河东讨捕使也，请大理司直夏侯端为副。端，详之孙也，善占候及相人，谓渊曰：'今玉床摇动，帝座不安，参墟得岁，必有真人起于其分，非公而谁乎！主上猜忍，尤忌诸李，金才既死，公不思变通，必为之次矣。'渊心然之。[1]

这里"今玉床摇动，帝座不安，参墟得岁"为星占术语。元人胡三省援引《晋书·天文志》注曰："北极五星，第二星主帝座。太乙之座，谓最赤明者。紫宫门内六星，曰天床，主寝舍，解息燕休。又大角一星在摄提间，大角者，天王帝座也。《天官书》云：大角北三星为帝座，主宴饮、酬酢也。"按照胡三省的理解，"玉床"即紫微垣内的天床星，是天帝"解息燕休"的处所。"帝座"或为北极五星之第二星，或为大角

[1]《资治通鉴》卷 183 恭帝义宁元年（617）条，第 5732 页。

星，均与天王宝座相对应。除此之外，天市垣中也有帝座星。《隋书·天文志》载：“帝坐一星，在天市中，候星西，天庭也。光而润则天子吉，威令行。微小凶，大人当之。”[1] 帝座（坐）由于被赋予了天帝宝座的象征，故在中古时代往往成为预测皇帝统治合理程度的重要星官。[2] 综合起来，“玉床摇动，帝座不安”是说当今天子寝宫不稳，皇帝宝座摇摇欲坠，预示着隋炀帝统治的危机。相反，“参墟得岁”则是李渊奉天承运的揭示。《史记·郑世家》云：“迁实沈于大夏，主参，唐人是因……及成王灭唐而国大叔焉。故参为晋星。”裴骃《集解》注引服虔曰：“大夏在汾浍之间，主祀参星。”杜预曰：“大夏，今晋阳县。”贾逵曰：“晋主祀参，参为晋星。”[3] 从地域来说，晋国辖区正是参星对应的

[1] 《隋书》卷 19《天文志上》，第 536 页。

[2] 如神龙中，太史令傅孝忠奏，“其夜有摄提星入太微，至帝座”（《旧唐书》卷 92《纪处讷传》，第 2973 页）。又如先天元年（712）七月，太平公主使术者言于上曰：“彗所以除旧布新，又帝座及心前星皆有变，皇太子当为天子。”（《资治通鉴》卷 210，第 6673 页）这两次有关“帝座”星象的解读，参见《唐宋天文星占与帝王政治》，第 130 页、第 240 页。

[3] 《史记》卷 42《郑世家》，第 1772—1773 页。

地理分野。又“得岁”，“谓岁星居参也”。[1] 按岁星，一名木星，“人主之象”，“主道德之事”，“其所居久，其国有德厚，五谷丰昌，不可伐”。[2] 据此，“岁星居参”意味着有德之君在参星对应的地理区域出现。《元和郡县图志》引《帝王世纪》曰：“‘帝尧始封于唐，又徙晋阳，及为天子都平阳。’平阳即今晋州，晋阳即今太原也。”[3] 作为帝尧的都城之一，晋阳（或太原）无疑是参星对应的核心区域。事实上，李渊担任太原道安抚大使后，内心窃喜，认为“唐固吾国，太原即其地焉。今我来斯，是为天与”[4]。联系李渊官署太原留守的经历，那么“参墟得岁”寓意的有德之君正好与相国、唐王李渊契合起来。

事实上，《新志》也有三条与“参墟得岁”相关的星象记录。第一条是隋大业十三年（617）六月，“镇星赢而旅于参。参，唐星也。李淳风曰：‘镇星主福，

[1] 《资治通鉴》卷183恭帝义宁元年（617）条，第5732页。
[2] 《隋书》卷20《天文志中》，第556页。
[3] 〔唐〕李吉甫撰，贺次君点校：《元和郡县图志》卷13《太原府》，中华书局，1983，第360页。
[4] 〔唐〕温大雅撰，李季平、李锡厚点校：《大唐创业起居注》卷1《起义旗至发引凡四十八日》，上海古籍出版社，1983，第2—3页。

未当居而居，所宿国吉。'" 按照李淳风的解释，镇星为福瑞之星，它停留在参宿的星区，而参宿又为唐星，故"镇星旅于参"意味着福瑞降临唐星，言外之意正是李渊建唐立国，统合天人，福泽绵长的含蓄表述。第二条是义宁二年（618）三月丙午，"荧惑入东井。占曰:'大人忧。'"[1] 这就是说,宣示惩罚的荧惑星在京师上空缠绕，由此引起了"大人"的恐慌和忧郁。考虑到李渊此时已进入长安，并执掌军国大政，位高权重，这使得隋恭帝杨侑忧虑重重，难以释怀，因而反映在星占中便有"大人忧"的预言。第三条是武德元年（618）七月丙午，"镇星、太白、辰星聚于东井。关中分也"。[2] 此时唐朝刚刚建立,定都长安,立足关中，巩固李唐的新生政权，因此，"关中分也"的预言正是李渊创建大唐，并奉行关中本位政策的间接反映。

二、岁星在角亢

武德二年（619），刚刚建立起来的李唐王朝还不稳固，盘踞河南的隋军将领王世充，因为握有东都洛

[1] 《新唐书》卷 33《天文志二》，第 851 页。

[2] 《新唐书》卷 33《天文志三》，第 865 页。

阳，且有越王杨侗作为傀儡，大有问鼎之势。同年三月，王世充召集心腹官员，开始筹备受禅之事。《资治通鉴》卷187载：

> 王世充之寇新安也，外示攻取，实召文武之附己者议受禅。李世英深以为不可，曰："四方所以奔驰归附东都者，以公能中兴隋室故也。今九州之地，未清其一，遽正位号，恐远人皆思叛去矣！"世充曰："公言是也！"长史韦节、杨续等曰："隋氏数穷，在理昭然。夫非常之事，固不可与常人议之。"太史令乐德融曰："昔岁长星出，乃除旧布新之征；今岁星在角、亢。亢，郑之分野。若不亟顺天道，恐王气衰息。"世充从之。……辛巳，（段）达等以皇泰主之诏命世充为相国，假黄钺，总百揆，进爵郑王，加九锡，郑国置丞相以下官。[1]

可以看出，太史令乐德融是王世充集团的核心人

---

[1] 《资治通鉴》卷187高祖武德二年（619）三月条，第5848—5849页。

物，他为王世充的早日受禅，提出了两个星占依据。其一是长星，即为彗星。胡三省作注说："大业十三年六月，有星孛于太微五帝座，色黄赤，长三四尺许。"若以常理言之，彗星既然出现于两年之前，因而与王世充受禅本无关系。但是太史看中此事，显然在于其除旧布新的象征意义。按太微，"天子庭也"，为天子宫廷之象。[1]"星孛太微"即言天子的宝座受到别人的觊觎，言外之意君主的统治出现了危机。《晋书·天文志》载："恭帝元年正月戊戌，有星孛于太微西蕃。占曰：'革命之征。'其年，宋有天下。"[2]所谓"革命之征"，也就是除旧布新之意。作为王世充的心腹亲信，乐德融既为太史，自然对彗星的象征意义十分熟悉，所以他将两年前出现的彗星赋予除旧布新的解释，作为王世充受禅的天象依据。

应当注意，"岁星在角亢"是王世充受禅的另一个依据。按岁星，亦为德星，"人主之象，主道德之事"。[3]

---

[1]〔唐〕房玄龄等撰《晋书》卷11《天文志上》："太微，天子庭也，五帝之坐也，十二诸侯府也。"中华书局，1974，第291页。

[2]《晋书》卷13《天文志下》，第396页。

[3]《乙巳占》卷4《岁星占第二十四》，第73页。

《史记正义》所引《天官占》云:“岁星者，东方木之精，苍帝之象也。其色明而内黄，天下安宁。夫岁星欲春不动，动则农废。岁星盈缩，所在之国不可伐，可以罚人；失次，则民多病；见，则喜。其所居国，人主有福，不可以摇动。人主怒，无光，仁道失。岁星顺行，仁德加也。岁星农官，主五谷。”[1] 可知岁星能够反映天命所属而为占星家所瞩目。“角亢”为东方苍龙七宿中前两星,《乙巳占》云:“角、亢，郑之分野，自轸十二度至氐四度，于辰在辰，为寿星。”[2] 若以唐代地理言之，则郑、汴、陈、蔡州均为寿星分野，[3] 这与盘踞河南的王世充正好对应。是时王世充加郑公爵位，也暗合了“角、亢，郑之分野”的描述。综合起来，“岁星在角亢”是说反映天命的岁星出现于王世充控制的河南地区，既然如此，郑公王世充的受隋禅运也就是顺应天道的自然之事了。

当然，由于王世充完全控制了洛阳朝政，他自己

---

[1] 《史记》卷 27《天官书》，第 1312 页。

[2] 《乙巳占》卷 3《分野第十五》，第 44 页。

[3] 《新唐书》卷 38《地理志二·河南道》:“郑、汴、陈、蔡、颍为寿星分。”第 981 页。

也任命了一批高级官员，所以受禅的事情并无多大阻碍。先是假黄钺、总百揆、假九锡，以后，“世充称皇泰主命，禅位于郑”[1]，便是名副其实的受隋禅运了。

三、太白经天

据《新志》记载，武德九年（626）六月，先后在“丁巳”日和第三日的“己未”连续出现了太白经天的天象，且有“在秦分”的预言。这次天象，《旧唐书·天文志》记载说：“九年五月，傅奕奏：太白昼见于秦，秦国当有天下。”[2]按照传统的五行学说，太白（金星）与西方对应，色尚白，而秦国发源于西方，且又位于其他各国之西，因此可以说，太白本来就与秦地相对应。不过，推敲太史令傅奕的预言，或许还有星象学上的渊源和依据。《史记·天官书》谓“秦之疆也，候在太白，占于狼、弧”，盖指于此。又《资治通鉴》卷191载：“六月，丁巳，太白经天。……己未，太白复经天。傅奕密奏：‘太白见秦分，秦王当有天下。’上

[1] 《资治通鉴》卷187高祖武德二年（619）四月条，第5851页。

[2] 《旧唐书》卷36《天文志下》，第1321页。

以其状授世民。”[1] 这里“太白见秦分”，《新唐书·傅奕传》作“太白躔秦分”，是说这次天象对应的分野区域在古代秦国之地。《旧唐书·薛颐传》称“德星守秦分，王当有天下”，也是针对这次天象而言。太白经天的象征意义，胡三省援引《汉书·天文志》解释说，“太白经天，天下革，民更王”，意味着天下动荡不安，皇帝易位，百姓将推选新的君主为王。当时李世民受封秦王，因而正好与“秦分”联系了起来。这样一来，“太白经天”的两次出现，经过太史令傅奕的占验分析，使得高祖随即认为秦王李世民图谋不轨，似有夺取天下之心。加之太子建成、齐王元吉的构陷，李世民众叛亲离，如同刀俎鱼肉。形势危急之下，才先发制人，杀死太子、齐王及其党羽。从这个意义上说，《新志》“秦分”的预言其实就是玄武门之变诱因的曲折反映。同年六月己卯出现的“岁星、辰星合于东井”、占为“变谋”的天象，笔者以为同样折射了玄武门之变的背景。

---

[1] 《资治通鉴》卷191高祖武德九年（626）六月条，第6003页、第6009页。

四、荧惑守心前星

《旧唐书·天文志》云:“贞观十七年三月七日,荧惑守心前星,十九日退。”[1] 又《太宗纪》载:“(贞观十七年三月)丁巳,荧惑守心前星,十九日而退。夏四月庚辰朔,皇太子有罪,废为庶人。汉王元昌、吏部尚书侯君集并坐与连谋,伏诛。丙戌,立晋王治为皇太子,大赦,赐酺三日。”[2] 宋人李昉编修的《太平御览》大略相同,稍有变化者,《御览》明确增加了“皇太子承乾有罪,废为庶人”一句。由此看来,此次“荧惑守心前星”与太子李承乾谋反、被废及晋王李治立为太子联系起来。相较而言,《新志》的天象记录更为丰满:“(贞观)十七年二月,(荧惑)犯键闭;三月丁巳,守心前星;癸酉,逆行犯钩钤。荧惑常以十月入太微,受制而出,伺其所守犯,天子所诛也。键闭为腹心喉舌臣,钩钤以开阖天心,皆贵臣象。”[3] 在这些天象蕴含的灾祸预言中,能与太子角色联系起来的只有“(荧

[1] 《旧唐书》卷36《天文志下》,第1321页。

[2] 《旧唐书》卷3《太宗纪下》,第55页。

[3] 《新唐书》卷33《天文志三》,第852页。

惑）守心前星”了。《隋书·天文志》载：“心三星，天王正位也。中星曰明堂，天子位，……前星为太子，其星不明，太子不得代。后星为庶子，后星明，庶子代。”[1] 作为东方七宿之第五星，心宿由前、中、后三颗小星组成，它们分别与太子、天王和庶子之位相对应。因此，“荧惑守心前星”预示了储君太子的灾祸，这与当时太子李承乾、汉王李元昌、吏部尚书侯君集的蓄意谋反正好契合。由于事情败露，太子李承乾废为庶人，其党羽的核心人物李元昌、侯君集坐与伏诛，晋王李治则被太宗册封为皇太子。或可注意的是，《新志》中的“键闭”“钩钤”凸显了太宗心腹重臣的忧郁和危机，《唐会要》将其与尚书右仆射高士廉逊位和司空房玄龄丁忧联系起来。[2] 毫无疑问，此次天象引发的朝野动荡对于贞观后期政治产生了重要影响。

五、轩辕星落于紫微中

这是景云元年（710）相王李隆基诛灭韦后及其党羽时出现的天象。“时轩辕星落于紫微中，王师虔及

[1] 《隋书》卷 20《天文志中》，第 544 页。

[2] 《唐会要》卷 43《五星临犯》，第 769 页。

僧普润皆素晓玄象，遂启帝（玄宗）曰：‘大王今日应天顺人，诛锄凶慝，上象如此，亦何忧也？’”[1]轩辕为七星的辅官星座，由十七颗小星组成。前四星位于天猫座，第五至十七星，则在狮子座内。《隋书·天文志》载：“轩辕，黄帝之神，黄龙之体也。后妃之主，士职也。”[2]轩辕的政治意义，正与帝王后宫相对应。至于紫微，即紫微垣，“天子之常居也”，即皇宫内朝的象征。由此，“轩辕落于紫微”的天象旨在强调帝王后宫不可避免的灾祸，而这正好与韦后的乱政联系了起来。于是，相王诛韦的军事政变，似乎具有了“顺天应人”的天命理由，从而也坚定了隆基诛韦“革命”的信心和决心。

六、彗星自轩辕入太微

据《新志》记载，延和元年（712）六月，“彗星自轩辕入太微，至大角灭”。当时李隆基已为太子，太平公主深为不满，双方各树党羽，都力图伺机消灭对方。此次彗星的出现，《资治通鉴》卷210载：

[1]《册府元龟》卷20《帝王部·功业二》，第212页。

[2]《隋书》卷19《天文志上》，第541页。

> 秋，七月，彗星出西方，经轩辕入太微，至于大角。……太平公主使术者言于上曰："彗所以除旧布新，又帝座及心前星皆有变，皇太子当为天子。"上曰："传德避灾，吾志决矣。"太平公主及其党皆力谏，以为不可，……上曰："社稷所以再安，吾之所以得天下，皆汝力也。今帝座有灾，故以授汝，转祸为福，汝何疑邪！"[1]

在星官体系中，太微为天子宫廷之象，"星孛太微"即言君主的统治出现了危机。轩辕，本为后宫女主之象，但亦有天子忧郁之意。《石氏星经》云："彗星犯轩辕，天下大乱，易王，以五色占期。"[2]李淳风《乙巳占》记载说："彗出轩辕，若守之，天下大乱，易王，宫门当闭；若女主死，期三年，远五年。"[3]从"易王"的角度而言，"彗犯轩辕"有改换天子的"革命"意义。至于大角，《乙巳占》云："彗出大角，大角为帝座。秦

[1] 《资治通鉴》卷210先天元年（712）七月条，第6673—6674页。

[2] 《唐开元占经》卷90《彗孛犯轩辕四十四》，第655页。

[3] 《乙巳占》卷8《彗孛入中外官占第四十九》，第138页。

始皇时，彗出大角，大角亡，以亡秦之象。”[1] 瞿昙悉达《唐开元占经》记载说：“郗萌曰，彗星出入角，可七八丈，天下更政。……皇帝曰，彗星犯守大角，大兵起，国不安。天子失御，有亡国，更政令。”[2] 这就是说，“彗犯大角”也有“天下更政”的象征意义。综合轩辕、太微和大角的星占意义，术士得出了“彗所以除旧布新”的解释。又《册府元龟·继统三》载：“先是，彗星从西方□□经轩辕入太微，至于大角，数日乃灭，睿宗以为革旧布新之政。”[3] 显然，在传统的星占学中，这种解释是颇为合理的。

但是，星占一旦别有用心地与政治相联系，那么其中的解释自然就少不了附会的成分。值得注意的是，“帝座及心前星皆有变”，根据彗星见于西方的观测和记录，此次彗星并没有在东方七宿之一的“心宿”出现或停留。如果我们将“帝座”视为大角的话，那么“心前星”显然是术士自己附会的预言。《隋书·天文志》载：“心三星，天王正位也。中星曰明堂，天子位，……

[1] 《乙巳占》卷 8《彗孛入中外官占第四十九》，第 137 页。

[2] 《唐开元占经》卷 90《彗孛犯大角二》，第 648 页。

[3] 《册府元龟》卷 11《帝王部·继统三》，第 115 页。

前星为太子，其星不明，太子不得代。后星为庶子，后星明，庶子代。心星变黑，大人有忧。”[1] 按照前、中、后的排列顺序，心宿三星分别被星占家会意为太子、天子和庶子的代表。如此，“心前星有变”是说太子将有预谋之事，联系彗星除旧布新的象征意义，那么术士就得出了太子逼宫，“当为天子”的解释。[2]

七、彗星长竟天

天祐二年（905）四月，彗起北河，贯文昌，长三丈有余，在西北方。刚刚即位的哀帝诚惶诚恐，颁布德音，释放京畿军镇见禁囚徒，“常赦不原外，罪无轻重，递减一等，限三日内疏理闻奏”，并对自己的衣食起居给予规范和约束，避正殿，减常膳，以明思过。[3] 五月，彗星长竟天，出太微、文昌间，占者曰：“君臣皆不利，宜多杀以塞天变。”于是，朱全忠心腹陈玄

[1] 《隋书》卷 20《天文志中》，第 544 页。

[2] 王寿南指出，太平公主以星变言于睿宗，似为警告睿宗，太子有逼宫之阴谋，然睿宗竟以星变禅位于太子。参见王寿南：《唐代人物与政治》，文津出版社，1999，第 63 页。

[3] 《旧唐书》卷 20 下《哀帝纪》，第 793 页；《全唐文》卷 94 哀帝《妖星不见敕》，第 426 页。

晖、张廷范及柳璨等“谋杀大臣宿有望者”，“璨手疏所仇媢若独孤损等三十余人，皆诛死，天下以为冤”。[1]不难看出，这次彗星出现成为朱全忠诛杀唐室官员的重要借口。《唐鉴》卷12《昭宣帝》载：

> 五月乙丑，彗星竟天，占者曰：“君臣俱灾，宜诛杀以应之。”柳璨因疏其素所不快者于全忠曰：“此曹皆聚徒横议，怨望腹非，宜以之塞灾异。”李振亦言于全忠曰：“王欲图大事，此曹皆朝廷之难制者也，不若尽去之。”全忠以为然。乃贬独孤损、裴枢、崔远皆为刺史，陆扆、王溥、赵崇、王赞皆为司户。其余或门胄高华，或科第自达居三省台阁，以名检自处，声迹稍著，皆指以为浮薄，贬逐无虚日。搢绅为之一空。[2]

柳璨时为唐室宰相，因曲意迎合朱全忠心思而为

[1] 《新唐书》卷223下《柳璨传》，第6360页。

[2] 〔宋〕范祖禹撰，吕祖谦音注：《唐鉴》卷12《昭宣帝》，上海古籍出版社，1981，第340—341页；《资治通鉴》卷265昭宣帝天祐二年（905）五月条，第8642—8643页。

同列崔远、裴枢、独孤损等轻视，故借彗星出现的灾祸预兆，阴谋除去自己的政敌。而对朱全忠来说，“朝廷之难制者”实为唐室心腹和宿望重臣，他们深知全忠“欲图大事”的政治野心，自然会百般反对、阻挠和破坏朱全忠的既定计划，故朱氏必然要寻找机会除去政治上的反对者，而彗星的出现以及“君臣俱灾”的星占预言无疑为朱全忠肃清政敌提供了绝好机会。同年六月，敕裴枢、独孤损、崔远、陆扆、王溥、赵崇、王赞等“并所在赐自尽”，朱全忠在白马驿聚集裴枢、独孤损等朝士贬官者30余人，“一夕尽杀之，投尸于河”。[1] 可以说，伴随着唐室心腹官员的丧失殆尽，困于洛阳的唐哀帝完全处于朱全忠的监视和控制之下。在当时朱全忠总揆百官和统领天下兵马的情况下，梁王受唐禅运也只是时间迟早的问题，由此，彗星的出现自然就有除旧布新的象征意义了。

---

[1] 《资治通鉴》卷265昭宣帝天祐二年（905）六月条，第8643页。

第三章　唐代的历法编撰

历法是天文学的重要组成部分，是根据日月五星的运行规律，推算年、月、日的时间长度和它们之间的关系，制定时间序列法则的学科。很早以来，人们在生产与生活中就知道昼夜、月相和季节的变化规律，定出年、月、日的长度。根据太阳每天视运动形成的昼夜定为日；按四时季节的变化周期定为年（即回归年），其长度为365.2422日；按月相盈亏变化的周期定为月（即朔望月），其长度为29.5306日。这种由观测太阳和月亮运行规律而得出的年月日长度，构成了历法最为基本的三要素。实际上，历法包含的内容十分丰富，具体而言有朔望、节气、卦候、闰月的计算，每日昼夜漏刻长度、晷长和昏旦中星的推算，日月交食的预报，日月五星在恒星间位置的推求，等等，差不多相当于近现代天文年历所包括的内容。[1]

中国古代，新的王朝建立以及新君登基，往往要颁布历法，以此来象征正朔告庙的重要意义。《史记·历书》曰：“王者易姓受命，必慎始初，改正朔，易服色，推本天元，顺承厥意。”[2] 在帝王政治中，每当改朝换代，宣示受命于天的君主往往以定正朔、颁布历法、“推本天元”为要务，这不仅是天子履行“敬授民时”职责的需要，也是建立王朝正统性的象征。推究“正朔”之内涵，“正”是一年的开端，“朔”是一月的初始，两字合用即表示推演年、月、日等时间序列的历法。对帝王而言，历法的颁布即意味着正朔的确定；对臣民而言，尊奉帝王颁布的历法即表示接受“今上”的统治。因此，颁历对于定正朔的重要性不言而喻，历法在政治上的象征意义绝不能等闲视之。历法的改进也有助于统治者对天文变异的观察与认识，对于寻找天象依据的帝王政治来说更有意义。

---

[1] 《中国大百科全书：天文学》，第210—211页；张培瑜等：《中国古代历法》，中国科学技术出版社，2007，第1页。

[2] 《史记》卷26《历书》，第1256页。

唐朝自武德元年（618）建立，至天祐四年（907）覆灭，享国290年，历法共有八改，“初曰《戊寅元历》，曰《麟德甲子元历》，曰《开元大衍历》，曰《宝应五纪历》，曰《建中元正历》，曰《元和观象历》，曰《长庆宣明历》，曰《景福崇玄历》而止矣”[1]。按照《新唐书》的记载，这八次改历均是唐朝实际颁行使用过的历法。然而，天文学史专家陈遵妫认为，唐肃宗时韩颖修订的《至德历》，是在增损《大衍历》的基础上编撰而成，从乾元元年（758）施行到上元三年（762），因此准确来说，唐朝实际行用的历法有九种。[2]不过，就历法的修撰而言，见于史籍的还有瞿昙罗编修的《经纬历》与《光宅历》、南宫说修订的《神龙历》、王勃撰述的《千岁历》、瞿昙悉达译介的《九执历》、曹士蒍订立的《符天历》等六种，尽管由于种种原因未曾行用，但却如实反映了唐代“稽定历数”以及中原与西域之间天文学交流的重要成果，堪称蔚为大观。此外，《旧唐书·经籍志》《新唐书·艺文志》还收有南宫说《大唐光宅历草》十卷、瞿昙谦《大唐甲子元辰历》一卷、僧一行《七

[1]《新唐书》卷25《历志一》，第534页。

[2]《中国天文学史》，第1044页。

政长历》三卷、《大衍通元鉴新历》三卷、《大唐长历》一卷等。[1] 陈振孙《直斋书录解题》收录《青罗立成历》一卷，题曰："司天监朱奉奏。据其历，'起贞元十年甲戌入历，至今乾宁四年丁巳'，则是唐末人。"[2] 可知是唐末历著。尽管这些历法著作多已散佚，后世难窥其貌，但足以说明唐代在历法编撰中取得了辉煌成果。

第一节　唐代的官修历法

在唐代的天文机构中，天文长官太史令（司天监）还肩负"稽定历数"的职责。所谓"历数"，《旧唐书》卷46《经籍志》载："十二曰历数，以纪推步气朔。"即历法中有关日月躔次以及节气、晦朔的推算。[3] 换

[1] 《旧唐书》卷47《经籍志下》，第2038页；《新唐书》卷59《艺文志三》，第1547—1548页。

[2] 〔宋〕陈振孙撰，徐小蛮、顾美华点校：《直斋书录解题》卷12《阴阳家类》，上海古籍出版社，2015，第373页。

[3] 《汉书》卷30《艺文志》："历谱者，序四时之位，正分至之节，会日月五星之辰，以考寒暑杀生之实。故圣王必正历数，以定三统服色之制，又以探知五星日月之会。凶阨之患，吉隆之喜，其术皆出焉。此圣人知命之术也。"第1767页；《隋书》卷34《经籍志三》："历数

言之，太史令（司天监）还负责历法的编造、修订与审核等事宜，其下属员有司历、保章正、历生、装书历生和历官等。从表面来看，历法的改进是太史局（司天监）官员的分内之事，朝中的宰辅大臣似乎不太关心，但实际上，历法的修订往往是朝中颇为关注的大事，一些文武大臣不同程度地参与历法的改进工作。同时，新历编定后，皇帝指定专门的历算官员进行推演和比校，朝廷还组织公卿要员“参议得失”。[1] 参议官员达成共识后，新历才能上呈中书门下，最后由皇帝颁布发行。有时新历颁行后，朝廷也不时组织相关人员对历法进行修订和校正。比如武德九年（626），《戊寅历》颁行已经八年，其间亦有疏漏，高祖诏令历博士南宫子明、薛弘疑，算历博士王孝通以及大理卿清

者，所以揆天道，察昏明，以定时日，以处百事，以辨三统，以知阨会，吉隆终始，穷理尽性，而至于命者也。”第 1026 页；江晓原认为，这里“历数”即为“历法”。既然历法是“凶阨之患，吉隆之喜”的圣人知命之术，中国古代的历法又全力研究日、月、五星七大天体的运行规律，那么实质上仍然为古代帝王的星占服务。参见《天学真原》，第 153 页。

[1] 《唐会要》卷 42《历》载：“初，太史令傅仁均，定历以癸亥为朔旦，诏下公卿八座详议。公卿以下奏曰……谨与国子祭酒孔颖达等一十一人，尚书八座，参议得失。惟仁均定朔，事有微差，淳风推校，理尤精密，请从淳风议。”第 750 页。

河县公崔善为重新校正，[1] 以此来弥补《戊寅历》在使用中出现的些许不足和漏洞。毫无疑问，唐初新历的考核、校正及“公卿详议”对历法的改进起了积极作用。但甚为可惜的是，安史之乱后，“虽朝廷多故，不暇讨论”，[2] 唐初形成的“公卿详议”制度没能坚持下去，所以后期的历法改进工作远不能与盛唐的《大衍历》相比。

一、戊寅历

唐朝建立后，在太史令庾俭、太史丞傅奕的举荐下，唐高祖任用“善推步之学”的东都道士傅仁均修治历法，由于历元契合了唐朝在戊寅岁甲子日建立的要素，且戊寅岁时“正得上元之首，宜定新历，以符禅代”，[3] 颇为符合唐朝建立、万象更新的意象，故称为《戊寅元历》或《戊寅历》。《戊寅历》以武德元年为历元，不用上元积年。它的最大创新是用定朔，这是中国古代历法史上的一次重大改革。在此之前历法都用平朔注历，认为日月五星都是匀速运动的，因而选

[1] 《旧唐书》卷32《历志一》，第1168页。

[2] 《新唐书》卷30上《历志六上》，第744页。

[3] 《旧唐书》卷32《历志一》，第1152页。

取月相盈亏变化的平均周期作为朔望月的长度，这样得到的合朔即为平朔。傅仁均列举《戊寅历》的特征说："月有三大、三小，则日蚀常在朔，月蚀常在望，……立迟疾定朔，则月行晦不东见，朔不西朓。"[1]意味着根据日行盈缩、月行迟疾的变化来确定每月初一（朔日）的时刻，这就是定朔。按照时人对平朔、定朔的看法，"三大、三小，为定朔望；一大、一小，为平朔望"[2]，傅仁均"月有三大、三小"的说法正是定朔法的表述。武德二年（619），高祖诏司历颁行使用。但至三年，《戊寅历》预推的三次日月食均不准确，朝廷指定吏部郎中祖孝孙考其得失，驳难问疑；武德九年，高祖又诏大理卿崔善为、算历博士王孝通校订新历，[3]前后改动凡数十条，其中最重要者是《戊寅历》以武德元年为历元，而崔善为则"复用上元积算"，确切地说是"《戊寅历》上元戊寅岁至武德九年丙戌，积

[1]《新唐书》卷25《历志一》，第534页。

[2]《新唐书》卷25《历志一》，第535页。

[3] 此次校历的时间是武德九年五月二日，校历人有前历博士南宫子明、前历博士薛弘疑、算历博士王孝通、监校历大理卿清河县公崔善为。参见《旧唐书》卷32《历志一》，第1168页。

十六万四千三百四十八算外”。[1] 经过这样的改定后，傅仁均修治的《戊寅历》已经面目全非了。

贞观初，直太史李淳风指责《戊寅历》之失，上疏十八事，太宗诏令崔善为考验“二家得失”。崔善为参考李淳风的改历意见，修改了《戊寅历》中的七条。贞观十四年（640），太宗亲祀南郊时，《戊寅历》以十一月癸亥为朔，翌日甲子为冬至；李淳风所进历术“以甲子合朔冬至”，经司历南宫子明、太史令薛颐、国子祭酒孔颖达及尚书八座等参议，朝廷认为李淳风的历术更为可取，并用平朔法来推算，结果也是甲子合朔冬至。贞观十八年，李淳风上言：“仁均历有三大、三小，云日月之蚀，必在朔望。十九年九月后，四朔频大。”[2]《戊寅历》由于连续出现了四个大月，故而再次引起了解历者的争议。最终，太宗下诏改用仁均平朔，讫麟德元年（664）。至此，随着《戊寅历》两大特征（用定朔和不用上元积年）的相继废除，《戊寅历》遂失其实，空有虚名而已。

---

[1] 《新唐书》卷25《历志一》，第536—537页。

[2] 《新唐书》卷25《历志一》，第536页。

二、麟德历

高宗时，太史奏《戊寅历》加时浸差，愈益疏密，历法效验常与实际天象不符。太史令李淳风作《甲子元历》以献，高宗诏令麟德二年颁行，故又称《麟德历》，[1]《麟德历》一直行用到玄宗开元十六年（728），其间还参用太史令瞿昙罗所撰《经纬历》。《麟德历》的上元积年，是上元甲子距麟德元年甲子，积年 269880 算，其日行盈缩、月行迟疾的推算方法，大致是在隋朝刘焯《皇极历》的基础上略有增损。《麟德历》为避免朔在晦日之月而创立进朔之法，这给预报交食、安排历日提供了很大方便。它的最大创新是打破了古历的章蔀、元纪、日分、度分之法，而用总法 1340 一以贯之，"凡期实朔实，及交转五星，并以总法为母"。[2] 比如回归年长度 = 期实 489428/ 总法 1340 ≈ 365.2448 日，朔望月长度 = 朔实 39571/ 总法

[1] 《新唐书》卷 59《艺文志三》载："《唐麟德历》一卷，《麟德历出生记》十卷。"（第 1547 页）这应是李淳风麟德历法的准确记载。

[2] 〔清〕阮元等撰，彭卫国、王原华点校：《畴人传汇编》，广陵书社，2009，第 143 页。

1340 ≈ 29.5306 日。[1] 其他如定气、入交、入转、五星布算，均以总法 1340 为分母。简言之，《麟德历》以常数 1340 为各种天体运动周期的奇零部分之共同分母，这种算法上的创新，清人阮元指出“运算省约，则此为最善”，“斯其立法巧捷，胜于古人之一大端也”。[2]

《唐会要》卷 42 载：“太史瞿昙罗上《经纬历法》九卷，诏令与《麟德历》相参行。”[3] 瞿昙罗出自天竺天学三家之一的瞿昙氏，所撰《经纬历》吸取了从印度传来的历法元素。瞿昙罗还在武后圣历元年（698）制作《光宅历》，但未获施行，推测其中亦渗透着浓郁的天竺历法元素。中宗神龙元年（705），太史南宫说奏：“《麟德历》加时浸疏。又上元甲子之首，五星有入气加时，非合璧连珠之正也。”[4] 中宗诏南宫说与司历徐宝乂、南宫季友制作新历，以神龙元年岁次乙巳，故称《乙巳元历》。由于历成于景龙中（707—709），因而又称《景龙历》。景龙历的常数以 100 为母法，所用

[1] 曲安京、纪志刚、王荣彬：《中国古代数理天文学探析》，西北大学出版社，1994，第 5 页；《中国古代历法》，第 705 页。

[2] 《畴人传汇编》，第 144 页。

[3] 《唐会要》卷 42《历》，第 751 页。

[4] 《旧唐书》卷 33《历志二》，第 1217 页。

百分法和现今的小数法相同，[1]故与《麟德历》相比算法更为简捷。但不幸的是，俄而睿宗即位，《景龙历》寝废不行。

或可注意的是，《日本国见在书目录》中收录《仪凤历》三卷。有学者指出《麟德历》又称《仪凤历》，[2]这种情况，颇与《乙巳元历》又称《景龙历》相似。也有学者认为，《唐麟德历》在仪凤年间传入新罗，彼地俗称《仪凤历》，该历又由新罗传入日本，故有此称。另有学者推测，《仪凤历》为当时唐人在仪凤年间改造《麟德历》的成果，其性质或同于《光宅》《景龙》二历，即以改元而命名，但朝廷并未施行。[3]据考证，日本使用《仪凤历》始于持统天皇四年（690），终于天平宝字七年（763），共行74年。[4]

---

[1] 《中国天文学史》，第1046页。

[2] 《中国天文学史》，第1046页。

[3] 孙猛：《日本国见在书目录详考》，上海古籍出版社，2015，第1413—1414页。

[4] 王勇：《唐历在东亚的传播》，《台大历史学报》2002年第30期，第33—51页；张培瑜《中国古代历法》（第704页）认为《仪凤历》在日本行用始于697年，讫于763年，共67年。实际上，早在690年，《仪凤历》与《元嘉历》一起并行使用，至697年专用《仪凤历》，《元嘉历》则罢废不用。

三、大衍历

开元九年（721），《麟德历》行用既久，“晷纬渐差”，太史频奏日食预报不中，历法的改进工作刻不容缓，玄宗诏令僧一行制作新历。一行遂与星官梁令瓒先造《黄道游仪图》，“考校七曜行度，准《周易》大衍之数，别成一法，行用垂五十年”，[1] 此即《大衍历》。《大衍历》成于开元十五年，僧一行寻卒。玄宗诏特进张说与历官陈玄景等撰成《历术》七篇、《略例》一篇、《历议》十篇，[2] 开元十七年（729）正式颁行，至至德二载（757）废止，共行用 29 年。[3]

---

[1] 《旧唐书》卷 32《历志一》，第 1152 页。

[2] 据《新唐书》卷 59《艺文志三》记载，大衍历法的文本包括《开元大衍历》一卷，《历议》十卷，《历立成》十二卷，《历草》二十四卷，均为一行修撰。（第 1548 页）这表明张说与陈玄景撰成的《历议》十篇，应是删定一行十卷本《历议》的结果。然而，《唐会要》的记载略有不同：“先是九年，太史频奏日蚀不验，诏沙门一行刊定律历，上本颛顼，下至麟德，洎十五年，一行定草，诏说成之，因编以勒成一部。《经章》十卷，《长历》五卷，《历议》十卷，《立成法天竺九执历》二卷，《古今历书》二十四卷，《略例奏章》一卷，凡五十二卷。”参见《唐会要》卷 42《历》，第 751 页。

[3] 陈遵妫在《中国历法总表》中推算《大衍历》行用 43 年，但从其标注的行用年代，即开元十七年（729）至上元二年（761）来看，实为 33 年。日本学者薮内清也推算为 33 年。参见《中国天文学史》，

《大衍历》号称精密，其结构和内容较前代历法均有很大改进，堪称唐代历法之冠。其中《略例》“明述作本旨”，重在阐释大衍历法编撰之主旨；《历议》“考古今得失”，集中考察古今历法的优劣得失；而最能反映《大衍历》成果的《历术》七篇，分步中朔第一、步发敛第二、步日躔第三、步月离第四、步轨漏第五、步交会第六和步五星第七，内容涉及朔望弦晦、七十二物候、二十四节气、六十四卦的安排及太阳视运动、月球运动、昼夜授时、日月交食和五大行星运动规律的推算。[1] 总体来看，《历术》七篇旨在提供一种预推日月五星七大天体任意时刻所在位置的方法及公式，[2] 其算法之精细，推求之严密，条理之明晰，堪为后世传统历法之楷模。

《大衍历》“演纪上元阏逢困敦之岁，距开元十二年甲子”，上元积年为 96961740 算。[3] 其历法常数以

第 1008 页；〔日〕薮内清：《增订隋唐历法史の研究》，临川书店，1989，第 53 页。

[1] 《旧唐书》卷 34《历志三》，第 1231—1282 页；《新唐书》卷 28《历志四》，第 637—692 页。

[2] 江晓原、钮卫星：《中国天学史》，上海人民出版社，2005，第 101 页。

[3] 《新唐书》卷 28 上《历志四上》，第 637 页。

160章即3040为通法，所有日月五星运动周期的分数部分都用3040为共同分母。如回归年长度 = 策实1110343/通法3040 ≈ 365.2444日，朔望月长度 = 揲法89773/通法3040 ≈ 29.5306日。[1]与以往的历法相比，《大衍历》的制历方法比较科学。一行先是系统梳理了“上本颛顼，下至麟德”之间古今历法的优劣得失，从中积累了大量的经验性资料。他还对《春秋》所记34次日食予以观察，并结合古史的日月交食记录及史官候簿情况，考察日月交食的方法，从中确立了日月交食预报的基本常数。为了编制新历，一行利用梁令瓒建造的黄道游仪，进行各种数据的实际观测。同时又命南宫说在北尽铁勒，南至交州的全国范围内测定各地北极高度和晷影。这些经过长期精密观测的天文数据最终都被一行采纳到《大衍历》的编撰中。当然，一行在数理天文学方面也有精深的造诣：他对张子信发现的日行盈缩现象有着准确的理解；在定气日期日行盈缩数值的计算中使用了不等间距的内插公式；首次提出不同纬度（九服）地区晷漏和交食食差的

[1]《中国天文学史》，第1016页；《中国古代历法》，第726页。

换算方法，使得计算结果更为精确。所有这些重大革新，使《大衍历》成为中国古代历法史上冠绝一时的好历。[1]

尽管如此，《大衍历》对于日食的认识，仍然没有摆脱“二元论”的特征。即既承认日食是一种可以预报和推算的有规律的自然现象，又坚持认为日食是一种与社会政治有密切关系的灾异现象。[2]一行指出：“使日蚀皆不可以常数求，则无以稽历数之疏密。若皆可以常数求，则无以知政教之休咎。”[3]如果日食的发生不能用常数来推算，那么也就无法用来检验历法疏密的准确程度。但是，日食又不能完全用常数来推算，否则人们就无法知道政治教化的好坏。显然，一行对于日食现象的矛盾解释，根本原因在于，一行并不能完全准确地推算和预测日食。史载：“新历本《春秋》日蚀、古史交会加时及史官候簿所详，稽其进退之中，以立常率。”[4]这里“新历”即一行所定《大衍历》。“常

[1] 《中国天学史》，第98页;《中国天文学史》，第1050—1051页。

[2] 陈美东:《中国古代天文学思想》，中国科学技术出版社，2007，第713页。

[3] 《新唐书》卷27下《历志三下》，第627页。

[4] 《新唐书》卷27上《历志三上》，第595页。

率”，即确定朔望月的平均长度。这就是说，《大衍历》的朔望月平均长度，是以《春秋》所记日食为根据，并在参考前代史官有关日月交会及其占验记录的基础上推算出来的。[1]因此，《大衍历》对日食的推算和预报，不可能完全准确。[2]比如根据一行的推算，开元十二年七月和十三年十二月应有日食现象，但是这两次预报均未发生。一行并不认为是历法的错误，而是皇帝的德行感动了上天后出现的结果。[3]

四、至德历

唐肃宗至德中，有山人韩颖上言《大衍历》或误。肃宗颇疑之，任命韩颖为太子宫门郎，直司天台，改进历法。韩颖损益大衍历术，每节增二日，更名《至

---

[1] 关增建：《日食观念与古代中国社会述要》，郑州大学历史研究所编：《高敏先生七十华诞纪念文集》，中州古籍出版社，2001，第113页。

[2] 《新唐书》卷27上《历志三上》：“日月合度谓之朔。无所取之，取之蚀也。”（第594页）因此，日食的推算与朔望月长度的确定具有密不可分的关系，一行的朔望月长度既然是参考历史上的日食记录来确定的，那么大衍历法对于日食的推算自然更多地具有经验性和平均性的特征。

[3] 《中国天文学史》，第1052页。

德历》，[1] 起乾元元年（758）行用，讫上元三年（762），共颁行 5 年。

五、五纪历

唐代宗宝应元年（762）六月望日，月有食之，但官历竟然未曾预报，这引起代宗的强烈不满。他以《至德历》不与天合为由，诏令司天台官属郭献之等撰修新历。郭献之复用《麟德历》元纪，更立岁差，增损迟疾、交会及五星差数，以写《大衍历》旧术而成。代宗亲自作序，题曰《五纪历》。[2] 起广德元年（763）颁行，至建中四年（783）废止，共行用 21 年。

从本质上说，《五纪历》是郭献之仓促间杂糅《麟德历》《大衍历》而成，凡月行迟疾、日月交食及五星差数，皆是因袭大衍历法数据。相较之下，《五纪历》与《大衍历》稍有差异者仅有九条。若从历法常数来看，《五纪历》的推算数据多与《麟德历》契合，而历法用语则采用《大衍历》，由此可知《五纪历》编修的

---

[1] 《新唐书》卷 27 下《历志三下》，第 635 页。

[2] 《新唐书》卷 29《历志五》，第 695 页；《新唐书》卷 59《艺文志三》载："《宝应五纪历》四十卷。" 第 1548 页。

粗疏。比如按照《麟德历》的表述，回归年=期实/总法，朔望月=朔实/总法，而《大衍历》的推算则为策实/通法（回归年）或揲法/通法（朔望月）。《五纪历》虽然采纳了《大衍历》有关通法、策实、揲法的基本用语，但其常数则是《麟德历》的因袭，自然回归年和朔望月长度也与《麟德历》相同。甚至上元积年，两者相差98年，这恰是麟德元年（664）至宝应元年（762）的年数，因此可以说，《五纪历》与《麟德历》的上元积年数是完全相同的。

麟德、大衍、五纪历法常数对照表

名目	《麟德历》	《大衍历》	《五纪历》
上元积年	麟德元年甲子，距上元积 269880 算	演纪上元阏逢困敦之岁，距开元十二年甲子，积 96961740 算	演纪上元甲子，距宝应元年壬寅岁，积 269978 算
总法 / 通法	总法 1340	通法 3040	通法 1340
期实 / 策实	期实 489428	策实 1110343	策实 489428
朔实 / 揲法	朔实 39571	揲法 89773	揲法 39571
出处	《新唐书》卷 26《历志二》，第 560 页	《新唐书》卷 28 上《历志四上》，第 637 页	《新唐书》卷 29《历志五》，第 697 页

六、正元历

唐德宗时，《五纪历》的气朔加时稍后，测验与天象不合，德宗诏司天徐承嗣与夏官正杨景风等，杂糅麟德、大衍二历要旨，编订新历。建中四年（783）历成，赐名《正元历》。[1] 诏起兴元元年（784）颁用，讫元和元年（806），凡23年。其气朔、发敛、日躔、月离、轨漏、交会，“悉如《五纪》法”。[2] 又《麟德历》之启蛰、雨水，《正元历》校正为雨水、惊蛰，颇合传统节气的一般顺序，或可视为其可取之处。

《正元历》的上元积年，“演纪上元甲子，距建中五年甲子”，积402900算。通法为1095，策实为399943，揲法为32336。[3] 由此可知，其回归年 = 策实399943/ 通法1095 ≈ 365.2447日，朔望月 = 揲法

[1] 《新唐书》卷59《艺文志三》称：“《建中正元历》二十八卷。”第1548页。

[2] 《新唐书》卷29《历志五》，第716页。

[3] 《新唐书》卷29《历志五》“揲法三万三千三百三十六”，整理者据《唐书合钞》校改为“揲法三万二千三百三十六”，此以《唐书合钞》为据。第717页、第737页。

32336/ 通法 1095 ≈ 29.5306 日。[1] 这些历法术语，显然仍是大衍历法的运用。

七、观象历

唐宪宗即位，司天监徐昂奏上新历，名曰《观象历》。起元和二年（807）用之，讫长庆元年（821），共施行 15 年。《观象历》的算法“有司无传”，早已散佚，唯所知者“无蔀章之数。至于察敛启闭之候，循用旧法，测验不合”。[2]

八、宣明历

唐穆宗即位后，以为继承累世伟业，必更历纪，乃诏日官改撰新历，司天监徐昂遂撰《宣明历》，其气朔、发敛、日躔、月离，皆是因袭大衍旧术，而轨漏、交会，则是稍为增损《大衍历》而成，[3] 由此可见大衍历法对于《宣明历》的重要影响。

---

[1] 陈遵妫尽管列出了“揲法 33336/ 通法 1095”的算式，但从结果（朔望月）的数值 29.53059 来看，揲法的常数为 32336。参见《中国天文学史》，第 1016 页。

[2] 《新唐书》卷 30 上《历志六上》，第 739 页。

[3] 《新唐书》卷 30 上《历志六上》，第 739 页。

《宣明历》的上元积年，“演纪上元甲子，至长庆二年壬寅”，积7070138算。与大衍历法相比，《宣明历》首创时差、气差和刻差，进一步提高了日食预报与推算的准确度。在历法用语和历法常数方面，《宣明历》也有创新。比如《大衍历》的通法3040、策实1110343和揲法89773等术语，《宣明历》改为统法8400，章岁3068055，章月248057。[1] 回归年长度 = 章岁3068055/统法8400 ≈ 365.2446日，朔望月长度 = 章月248057/统法8400 ≈ 29.5306日。[2]

《宣明历》颁行于长庆二年（822），至景福元年（892）废止，共施行71年，是唐代行用最为长久的历法。《新唐书·历志》评价说：“然《大衍历》后，法制简易，合望密近，无能出其右者。”[3] 这说明《宣明历》是《大衍历》后唐代最为精密的优良历法。《新唐书·艺文志》“历算类”收录《长庆宣明历》34卷，《长庆宣明历要略》1卷，《宣明历超捷例要略》1卷，[4] 应是深入了解宣明

[1] 《新唐书》卷30上《历志六上》，第745页。

[2] 《中国天文学史》，第1016页。

[3] 《新唐书》卷30上《历志六上》，第744页。

[4] 《新唐书》卷59《艺文志三》，第1548页。

历法的重要著作。

九、崇玄历

唐昭宗时，《宣明历》施行已久，数亦渐差，乃诏太子少詹事边冈与司天少监胡秀林、均州司马王墀改治新历，景福元年（892）历成，赐名《崇玄历》。[1] 诏起景福二年颁行，至天祐四年（907）唐朝灭亡，凡16年。其气朔、发敛、盈缩、朓朒、定朔弦望、九道月度、交会、入蚀限去交前后，“皆《大衍》之旧”。[2] 其他历术虽与《大衍历》不同，但亦是殊途而同归。由此可见，《崇玄历》深受大衍历法影响之大。

《崇玄历》的上元积年，“演纪上元甲子，距景福元年壬子”，岁积53947308算。其历法常数为：通法13500，岁实4930801，朔实398663。[3] 据此可知，回归年＝岁实/通法≈365.2445日，朔望月＝朔实/通法≈29.5306日。[4]

---

[1] 《新唐书》卷59《艺文志三》载：“边冈《景福崇玄历》四十卷，冈称处士。”第1548页。

[2] 《新唐书》卷30下《历志六下》，第771页。

[3] 《新唐书》卷30下《历志六下》，第779—780页。

[4] 《中国天文学史》，第1016页。

需要说明的是，《崇玄历》的撰者边冈精通算法，他广泛采用函数来处理各类的历法推步，用简便快捷的算法解决历术问题，尤其是对隋代刘焯颇为复杂的内插公式予以简化，可谓在理论和计算方面均有切实公允的改进，因而对五代和北宋历法的推演都有很大影响。

第二节　唐代历法修撰的特点

仔细梳理，唐代颁行的九部历法，其编修原因或制作背景尽管复杂多样，但总体都是基于历法改进的宗旨。新历的制作，其根本目的或是弥补旧历的疏失，或是订正旧历的讹误，以求历法合于天象。《汉书·律历志》说"故历本之验在于天"[1]，历法的好坏疏密最终都要经过实际天象的检验。若验正相合则继续行用，若检验有失则予以改进。《新唐书·历志》曰："故为历者，其始未尝不精密，而其后多疏而不合，亦理之然也。不合，则屡变其法以求之。"[2] 正如欧阳修所说，

---

[1] 《汉书》卷21上《律历志一上》，第978页。

[2] 《新唐书》卷25《历志一》，第533—534页。

每部历法大抵在制作之初，都以精密见长，但行用一段时间后日渐粗疏，与天象不合（即使唐朝最为精密的《大衍历》也是如此），故需变更算法，新撰历术，力求与天象相合。这可以说是历法改进工作的普遍原则，自然唐朝也不例外。但细究起来，唐代历法的编撰缘由还是略有不同，大略有改正朔、交食不验、不合天象、“数亦渐差”等情况。

改正朔。《戊寅历》是唐朝第一部历法，“戊寅”之名旨在契合武德元年戊寅岁甲子日建国的要素，传达“以符禅代”的信息，正好体现“王者易姓受命”“改正朔、易服色”的正统理念，[1] 可以说，其政治意涵高于历法本身。

交食不验。历法疏密，验在交食。日月交食的预报是否准确，是检验历法是否可靠的一大标准。[2] 僧一行编修《大衍历》的原因，即是“《麟德历》署日蚀

[1] 钮卫星指出，“改正朔、易服色”是改历最直接、最常见也是最堂而皇之的理由。参见氏撰《汉唐之际历法改革中各作用因素之分析》，《上海交通大学学报》（哲学社会科学版）2004 年第 5 期。

[2] 陈美东：《古历新探》，辽宁教育出版社，1995，第 491 页。

比不效”[1]“太史频奏日蚀不验”[2]。同样，郭献之修治《五纪历》，缘于《至德历》没有及时准确地预报月食的发生。

不合天象。如建中初《正元历》的编撰，是由于当时行用的《五纪历》“气朔加时稍后天，推测星度与《大衍》差率颇异”[3]。作为历法构成的基本要素，气朔的测算与校验一直深为历家重视。《隋书·律历志》说：“但历数所重，唯在朔气。朔为朝会之首，气为生长之端，朔有告饩之文，气有郊迎之典，故孔子命历而定朔旦冬至，以为将来之范。”[4]自然气朔的检验也是覆勘历法准确性的重要因素。一般来说，气朔的验证包含两方面的内容：一是推勘冬至时刻的准确性。二是检验朔晦弦望是否符合实际的月相。[5]《五纪历》的气朔，经检验“加时稍后天”，与天象不合，故而历法的修正十分必要，可谓刻不

[1]《新唐书》卷27上《历志三上》，第587页。

[2]《唐会要》卷42《历》，第751页。

[3]《新唐书》卷29《历志五》，第716页。

[4]《隋书》卷17《律历志中》，第424页。

[5]《古历新探》，第489—490页。

容缓。又元和中，司天监徐昂修订的《观象历》“循用旧法，测验不合”，这也成为司天台修撰《宣明历》的诱因之一。

“数亦渐差”。唐朝最后一部历法——《崇玄历》的制作，就是由于《宣明历》“施行已久，数亦渐差”。欧阳修评价《宣明历》说：“然《大衍历》后，法制简易，合望密近，无能出其右者。”它是唐后期最为精密的历法。但行用长久后，也出现了历数疏失，算法差误的现象，历法的改进工作势在必行。两唐书《历志》“《戊寅历》益疏”“《麟德历》行用既久，晷纬渐差”“《大衍历》或误”等条，都是历法“由密变疏”情况的反映。

相比之下，《宣明历》的修撰，在很大程度上是践行唐穆宗“一世一历”观念的结果。[1]穆宗即位后，认为“累世缵绪，必更历纪”[2]，将改进历法作为其继承李唐累世伟业的标识，凸显出穆宗锐意进取，开

[1] 陈遵妫指出，唐朝改变了过去对于“一朝一历”的观念，认为改历是不可避免的。唐穆宗即将过去儒家所谓“一朝一历”的观念，改为“一世一历”了。参见氏著《中国天文学史》，第1045页。

[2] 《新唐书》卷30《历志六上》，第739页。

创唐朝中兴新局面的决心。又神龙元年（705），太史南宫说修治《乙巳元历》时指责《麟德历》“上元甲子之首，五星有入气加时，非合璧连珠之正也”[1]，说明《乙巳元历》的编修，包含着对历法上元矢志不渝的追求。

《旧唐书·傅仁均传》载，“夫理历之本，必推上元之岁，日月如合璧，五星如连珠，夜半甲子朔旦冬至”[2]。由此可知，古人治历的基本观念，首先是注重历法上元的推算。《后汉书·律历志》谓：“建历之本，必先立元，元正然后定日法，法定然后度周天以定分至。三者有程，则历可成也。”[3] 由于年始于冬至，月始于朔旦，日始于夜半，故历法学通常假定以甲子那天恰好是夜半朔旦冬至，作为起算的开始。同时，还要求日月合璧、五星连珠，也就是日分、月分、甲子食分，乃至日月五星行度都在同时，这样才能定为上元，作为历法推算中节气、朔望、日月食和五星推算

[1] 《旧唐书》卷 33《历志二》，第 1217 页。

[2] 《旧唐书》卷 79《傅仁均传》，第 2713 页。

[3] 〔宋〕范晔撰，〔唐〕李贤等注：《后汉书》卷 92《律历志中》，中华书局，1965，第 3036 页。

的总起点。[1]

在唐代的历法改进中，历家同样十分重视历元的设置和上元积年的演算。作为唐代的第一部历法，《戊寅历》最初不用上元积年，但经大理卿崔善为校正后，“复用上元积算”。此后，官修《麟德》《大衍》《五纪》《正元》《宣明》《崇玄》诸历，均有上元积年的常数，甚至未曾行用的《神龙历》也有“太极上元，岁次乙巳……今大唐神龙元年，复岁次于乙巳，积四十一万四千三百六十算外”的记载。[2]唯有《至德历》《观象》二历，其历法常数不明，难以推断。总体来看，在唐代的官修历法中，上元积年的推演仍是不可或缺的内容（参见下表）。

---

[1] 《中国天文学史》，第999页；王渝生:《中国算学史》，上海人民出版社，2006，第215页。曲安京指出，上元是一种理想的历元。它通常发生在某个甲子年天正十一月的甲子日夜半，要求此时恰恰是合朔冬至时刻，月亮经过升（降）交点与近（远）地点，木、火、土、金、水五大行星同时会聚冬至点，而冬至点正好位于北方之中虚宿之内。参见曲安京:《中国数理天文学》，科学出版社，2008，第55—56页。

[2] 《旧唐书》卷33《历志二》，第1219页。

隋唐历法上元积年表[1]

历法	上元起止	积年数
《开皇历》	上元甲子至开皇四年甲辰	四百一十二万九千零一/4129001[2]
《皇极历》	上元甲子至仁寿四年甲子	一百万八千八百四十/1008840
《大业历》	上元甲子至大业四年甲子	一百四十二万七千六百四十四/1427644
《戊寅历》	上元戊寅至武德九年丙戌	十六万四千三百四十八/164348
《麟德历》	上元甲子至麟德元年甲子	二十六万九千八百八十/269880
《神龙历》[3]	上元乙巳至神龙元年乙巳	四十一万四千三百六十/414360
《大衍历》	上元阏逢困敦（甲子）至开元十二年甲子	九千六百九十六万一千七百四十/96961740
《五纪历》	上元甲子至宝应元年壬寅	二十六万九千九百七十八/269978
《正元历》	上元甲子至建中五年甲子	四十万二千九百/402900
《宣明历》	上元甲子至长庆二年壬寅	七百零七万零一百三十八/7070138
《崇玄历》	上元甲子至景福元年壬子	五千三百九十四万七千三百零八/53947308

[1] 本表据《隋书·律历志》、两唐书《历志》及日本学者薮内清《增订隋唐历法史の研究》（第59页）制作而成。

[2] 薮内清《增订隋唐历法史の研究》作“4129000”。

[3] 薮内清《增订隋唐历法史の研究》未收录。

以上 11 部历法中，唯《皇极历》《神龙历》(即《景龙历》或《乙巳元历》) 未曾颁行，但同样有上元积年的推算，由此不难看出上元积年对于历法生成的重要意义。追究上元积年的起始，除《戊寅历》和《神龙历》之外，历元均为“甲子”，正所谓“太古甲子为上元”，[1] 实际上赋予了“甲子”除旧布新和一元复始的内涵，自然也寓有吉庆祥和的意义。“岁在甲子，天下大吉”，绝不是黄巾军起义的即兴宣传，而是有着深刻的历法学依据。至于“上元戊寅”，乃是唐朝受命岁的契合，即“唐以戊寅岁甲子日登极，历元戊寅，日起甲子，如汉《太初》”。[2] 实为历法学层面赋予李唐建国的合理性。而“上元乙巳”的提出，则是南宫说对李淳风《乙巳占》中“乙巳”含义的借用。清人陆心源说:“上元乙巳之岁，十一月甲子朔，冬至夜半，日月如合璧，五星如连珠，故以为名。”[3] 盖陆氏认为，李淳风推算出的准确历元是乙巳之岁，故以此来命名该

[1] 《旧五代史》卷 140《历志》，第 1862 页。

[2] 《旧唐书》卷 25《历志一》，第 534 页。

[3] 〔清〕陆心源:《重刻乙巳占序》，收入《乙巳占》，丛书集成初编，中华书局，1985，第 1 页。

书。南宫说一方面指责李淳风《麟德历》上元甲子之首"非合璧连珠之正"，另一方面又借用李淳风《乙巳占》之名，认为"太极上元，岁次乙巳"正好符合日月合璧，五星连珠等要素，应是最为精确的历元，故在《乙巳元历》中有"上元乙巳"之说。

事实上，对于上元的矢志追求，还有推进天文学发展的意义。朱文鑫在《天文学小史》中有一段精辟的分析：

古之治历，首重历元，必以甲子朔旦夜半冬至齐同，为起算之端。当斯之际，日月五星，又须同度，如合璧联珠之象，谓之上元，纬书名曰开辟，唐《大衍历》后名曰演纪上元，此古人治历之基本观念。自汉讫宋，未尝稍变，至元郭守敬授时历始废，七政行度，出入黄道，岁周月周，数有奇零，古人推究上元，必以甲子夜半至朔与七政齐同，原属理想之事，然因此而观测星象，天学赖以进步。其最显著者有三：一因推至朔同日，而昼测日影，夜考中星，《尧典》鸟火虚昴，以明四时，小正月令，兼言昏旦，于是分周天为十二次，以定节气之早晚，分星宿为二十八，以测七政之行度矣；二因推日月合璧，而知同经为朔，同度为交，交在朔则日食，交在望则月食，《诗经》以月食为常，《春秋》只书日食，至后世历法疏密，验在交食矣；三因推五星联珠，而知星行之顺逆，见伏之周期，东有启明，金水之晨见，西有长庚，金水之夕见，由西而东者谓之顺行，由东而西者谓之逆行，由顺而逆，或由逆而顺之时，谓之留，亦谓之守，于是五星之掩犯凌聚，详加密测矣。中国天文学，即由此三大途径而迈进，乃以上元为目的地者也。[1]

根据朱氏的理解，历法学对上元的探求，对于日月交食的预报以及七政行度、五星凌犯和五星聚合的观测，都有直接的推进作用，因而可以说一部中国历法史，“实可谓演纪上元之算史也”[2]。不惟如此，历法学家还认为，上元之岁的推求越是古老，那么历法的推算也就越加精确，而历法对天象的观测和预报也就

[1] 朱文鑫：《天文学小史》，上海书店出版社，2013，第5页。

[2] 《天文学小史》，第7页。

更加准确。这在僧一行《大衍历》中得到了很好的证明。但从客观来讲，上元的探求具有很大的神秘性，由于同时满足诸多不同要素的周期值，严格意义上的上元推求是极其困难的，极易造成计算上的烦琐和错误。有鉴于此，曹士蒍《符天历》不用上元积年，而以唐显庆五年（660）庚申岁为历元，其运算大为简省，但历元庚申乃是历法大忌，[1] 因而难以得到官方的认同，只能在民间行用。

或可注意的是，在唐代的历法撰述中，还有王勃的《千岁历》。王勃为“初唐四杰”之一，精于推步历算，撰有《大唐千岁历》，倡言“唐德灵长千年，不合承周、隋短祚”。理由是“以土王者，五十代而一千年；金王者，四十九代而九百年；水王者，二十代而六百年；木王者，三十代而八百年；火王者，二十代而七百年。此天地之常期，符历之数也。自黄帝至汉，

[1] 《后汉书》卷 92《律历志中》：“历元不正，故妖民叛寇益州，盗贼相续为害。历当用甲寅为元而用庚申，图纬无以庚申为元者。”（第 3037 页）汉代由于谶纬学说的流行，历元的设置被赋予了特别的含义，甚至关乎社会秩序的稳定与动荡。而在图谶纬书中，并没有以庚申为历元的先例。汉《四分历》固然曾以庚申为元，但被时人斥为“妄虚无造欺语之愆”。因此可以说，以庚申为历元实为历法之大忌。

并是五运真主。五行已遍，土运复归，唐德承之，宜矣。魏、晋至于周、隋，咸非正统，五行之沴气也，故不可承之”。[1] 王勃结合“五行德运”学说，否定魏晋以来王朝的正统性，甚至享国短祚的北周和隋朝亦非正统，唐朝是土德之运，远承汉朝火德统绪，传承百世，享国千年，此诚为“符历之数”。他在另一篇《上吏部裴侍郎启》中也说：“国家应千载之期，恢百王之业。天地静默，阴阳顺序。”[2] 恰可与“唐德灵长千年”相呼应。或可注意的是，贞观十七年（643）八月四日，凉州瑞石中惊现“太平天子李世民千年太子李治”等文字，[3] 在歌颂唐太宗“太平天子”的同时还发出了“千年太子李治”的呼声，由此可以看到李唐享国千年的说法早已有之，王勃的《千岁历》也绝非向壁虚造，而是唐初以来社会思想文化的凝练。其中否定北周和隋

---

[1] 《旧唐书》卷 190 上《文苑传上・王勃》，第 5006 页。

[2] 〔唐〕王勃著，〔清〕蒋清翊注：《王子安集注》，上海古籍出版社，1995，第 128—133 页。

[3] 凉州瑞石刻字全文为“高皇海出多子李元王八十年太平天子李世民千年太子李治书燕山人士乐太国主尚汪谭奖文仁迈千古大王五王六王七王十凰毛才子七佛八菩萨及上果佛田天子文武贞观昌大圣延四方上下治示孝仙戈入为善”。《旧唐书》卷 37《五行志》，第 1349—1350 页。

朝正统性的学说，在此后朝堂中引起很大反响。武后时，李嗣真奏请以周汉为二王后，“而废周隋”。至中宗时又恢复了北周和隋朝的正统地位。天宝年间，处士崔昌采纳王勃学说，奏上《五行应运历》，主张李唐宜承周、汉，以土代火，北周和隋朝皆为闰位，不当以其子孙为二王后，此举得到了宰相李林甫的赞赏。[1]然杨国忠执掌国柄后，因与隋朝同姓，再次恢复北周和隋朝的地位，“以魏、周、隋依旧为三恪及二王后，复封韩、介、酅等公”[2]。贞元十五年（799），又有术士匡彭祖上疏“大唐土德，千年合符，请每于四季月郊祀天地”[3]。此议虽因礼官反对而没有实施，但亦可见王勃“千年”之说影响之大。至此，王勃的正闰学说告一段落，其《千岁历》实为歌颂李唐正统性及享国永祚的应时之作，似与推求日月五星运行周期的历法尚有很大距离。

---

[1] 《新唐书》卷201《文艺传上 · 王勃》，第5740页；《资治通鉴》卷216玄宗天宝九载（750）条，第6899页。

[2] 《旧唐书》卷9《玄宗纪下》，第227页。

[3] 《旧唐书》卷21《礼仪一》，第844页；卷149《归崇敬传》，第4015—4016页。

第三节　唐代的外来历法

唐代是中原王朝与西域进行天文学交流的重要时期。伴随着使节、商旅和僧侣的往来，来自中亚、波斯和印度的天文历法之学也沿着丝绸之路源源不断地传入中国。[1] 其中最具代表性的是瞿昙悉达翻译的《九执历》、曹士蒍撰述的《符天历》以及伴随佛经传入中国的《七曜历》。

一、九执历

九执，或称九曜，梵语 *Navagraha* 之译，九种照耀者之意，即由七曜（日曜、月曜、木曜、火曜、土曜、

[1] 《增订隋唐历法史の研究》，第134—204页；江晓原：《六朝隋唐传入中土之印度天学》，《汉学研究》1992年第2期，收入《江晓原自选集》，广西师范大学出版社，2001，第247—278页；荣新江：《一个入仕唐朝的波斯景教家族》，收入氏著《中古中国与外来文明》，生活·读书·新知三联书店，2001，第238—257页；赖瑞和：《唐代的翰林待诏和司天台：关于〈李素墓志〉和〈卑失氏墓志〉的再考察》，荣新江主编：《唐研究》第9卷，北京大学出版社，2003，第315—342页。

金曜、水曜)及假想的两颗隐星罗睺和计都构成。[1]《九执历》是天竺梵历，开元六年(718)由太史监瞿昙悉达译介而来。在唐代流传的三家天竺历法中，[2]瞿昙家族由于执掌太史监近百年，因而其历法影响较大，《九执历》在译介中自然也打上了瞿昙氏的烙印。

《九执历》的内容，《新唐书·历志》载："断取近

[1] No.1796《大毗卢遮那成佛经疏》卷4："诸执者，执有九种，即是日月水火木金土七曜，及与罗睺、计都，合为九执。罗睺是交会食神，计都正翻为旗，旗星谓彗星也。除此二执之外，其余七曜，相次直日。其性类亦有善恶。如梵历中说。"(《大正新修大藏经》第39册，大正一切经刊行会，1934，第618页)实际上，罗睺和计都并不是星，而是天球上月亮轨道与太阳轨道相交的两个交点，印度天文学中把它们看作"隐星"(参见席泽宗:《〈开元占经〉：中国文化史上的一部奇书》，收入《唐开元占经》序，中国书店，1989，第1—16页)。佛经中有关"九曜"的记载，比较完整的要算密教经典《北斗七星护摩法》、《梵天火罗九曜》和《七曜禳灾诀》。唐宋之际，"九曜"一词流行甚广。比如开元中南宫说撰有《九曜占书》，晚唐道士杜光庭撰有《九曜醮词》，敦煌写本中亦有"九曜行年"、"九曜星图"和"九曜注历"的记载。参见赵贞:《"九曜行年"略说：以P.3779为中心》，《敦煌学辑刊》2005年第3期，收入氏著《归义军史事考论》，北京师范大学出版社，2010，第286—306页。

[2] 广德二年(764)杨景风为《宿曜经》作注说："据天竺历术，推知何宿具知也。今有迦叶氏、瞿昙氏、拘摩罗等三家天竺历，并掌在太史阁。然今之用，多用瞿昙氏历，与《大衍》相参供奉耳。"参见No.1399《文殊师利菩萨及诸仙所说吉凶时日善恶宿曜经》卷上，《大正新修大藏经》第21册，第391页。

距，以开元二年二月朔为历首。度法六十……周天三百六十度……二月为时，六时为岁。三十度为相，十二相而周天。望前曰白博义，望后曰黑博义。”[1]《大衍历·五星议》称：“《天竺历》以《九执》之情，皆有所好恶。遇其所好之星，则趣之行疾，舍之行迟。”[2]这说明《大衍历》的撰者僧一行对《九执历》有相当程度的了解，由此也引发了“善算者”瞿昙譔和历官陈玄景对僧一行的攻诘和质疑：“《大衍》写《九执历》，其术未尽。”[3]

《九执历》的文本，瞿昙悉达《唐开元占经》有详细记载：“臣等谨案《九执历》法，梵天所造，五通仙人承习传授，肇自上古，百博义二月春分朔，于时曜躔娄宿，道历景止，日中气和，庶物渐荣，一切渐长，动植欢喜，神祇交泰，棹兹令节，命为历元。”[4]可知《九执历》以二月春分朔为历元，原因是此日昼夜等分，阴阳和谐，万物生长，神祇交泰，呈现一幅生机勃勃，

[1] 《新唐书》卷 28 下《历志四下》，第 691—692 页。

[2] 《新唐书》卷 27 下《历志三下》，第 634 页。

[3] 《新唐书》卷 27 上《历志三上》，第 587 页。

[4] 《唐开元占经》卷 104《算法》，第 742 页；《增订隋唐历法史の研究》，第 181 页。

万象更新的和谐图景。不惟如此，“春分羖首也”，“秋分称（秤）首也”，[1] 羖首即白羊宫起点，称（秤）首为天秤宫起点，春分在白羊宫，秋分在天秤宫，约距今二千多年前，可见《九执历》以羖首为春分，“至远不得过汉以前也”[2]。总之，对二月春分朔的推崇是《九执历》的一大特征，这与中国传统历法对“十一月甲子朔旦冬至”的尊崇有着根本区别。

《九执历》另一特征是上元积年的简省，本着“务从简易，用舍随时”的原则，规定“今起显庆二年丁巳岁二月一日，以为历首，至开元二年甲寅岁，置积年五十七算”。[3] 这就是说，《九执历》以唐显庆二年（657）二月丁巳朔（春分）为历首，其上元积年为57算，这与中国古代传统历法中“数太繁广”的上元积年相比，无疑大为便捷，简单易行，这对后世的《符天历》、《调元历》和《授时历》都有一定的影响。

---

[1] 《唐开元占经》卷104《算法》，第745页；《增订隋唐历法史の研究》，第187页。

[2] 朱文鑫：《历法通志》，商务印书馆，1934，第154页；《中国天文学史》，第1054页。

[3] 《唐开元占经》卷104《算法》，第742页；《增订隋唐历法史の研究》，第182页。

二、符天历

一名《七曜符天历》，唐曹士芀撰。《新唐书·艺文志》“历算类”载：“曹士芀《七曜符天历》一卷，建中时人。《七曜符天人元历》三卷。”[1] 又《新五代史·司天考》载：“唐建中时，术者曹士芀始变古法，以显庆五年为上元，雨水为岁首，号《符天历》。然世谓之小历，只行于民间。”[2]《符天历》的特点有三：一是不用上元积年，而是使用近距历元，确切地说是以唐高宗显庆五年庚申岁（660）雨水为历元，其确切日期正月壬寅雨水合朔，对应公元日期为 660 年 2 月 16 日；[3] 二是以雨水为岁首，[4] 即以正月的中气雨水为气首；三是以 10000 为日法，即以 10000 为回归年、朔望月日数奇零部分的共同分母，按十进制小数法，可计算到

[1] 《新唐书》卷 59《艺文志三》，第 1548 页。

[2] 〔宋〕欧阳修撰，〔宋〕徐无党注：《新五代史》卷 58《司天考》，中华书局，1974，第 670 页。

[3] 钮卫星：《〈符天历〉历元问题再研究》，《自然科学史研究》2017 年第 1 期。

[4] 陈久金认为“岁首”应是“气首”之误。参见陈久金：《符天历研究》，《自然科学史研究》1986 年第 1 期。

小数点后四位。[1]《符天历》的这些变革，与传统历法强调的上元积年、十一月朔旦冬至为历元格格不入，因而难以得到官方的认同，只能行用于民间，故有“小历”之称。陈振孙《直斋书录解题》卷 12 著录《罗计二隐曜立成历》一卷，题曰：“称大中大夫曹士蔿。亦莫知何人。但云起元和元年入历。”[2] 罗睺、计都作为“九曜”中二隐曜，在天竺婆罗门僧金俱吒撰集的《七曜攘灾诀》中分别称作“蚀神头”“蚀神尾”，其特征是“常隐形不见，逢日月则蚀，朔望逢之必蚀，与日月相对亦蚀，……元和元年丙戌岁入历”。罗睺、计都是来自印度的两个与推算日、月食有关的假想天体，曹士蔿既撰有《罗计二隐曜立成历》，正说明曹氏深受天竺历法的影响。自然《符天历》也不例外，其中渗透着浓郁的天竺历法元素。宋王应麟《困学纪闻》说：“历有小历，有大历。唐曹士蔿《七曜符天历》，一云《合元万分历》，本天竺历法，以显庆五年庚申为历元，

[1] 周济：《唐代曹士蔿及其符天历：对我国科学技术史的一个探索》，《厦门大学学报》1979 年第 1 期。

[2] 《直斋书录解题》卷 12《阴阳家类》，第 373 页。

雨水为岁首，世谓之小历，行于民间。”[1] 即将《符天历》视为天竺历法。但从《九执历》来看，天竺历法以春分为历元，而《符天历》则以雨水为历元，可见二者仍有些许差异。从这个意义来说，曹士蔿《符天历》具有中印历法的共同特点。[2]

《符天历》虽然被称为民间小历，但因其运算简化的优势在中国古代历法史上占有一席之地。五代后晋时，司天监马重绩撰成《调元历》，“不复推古上元甲子冬至七曜之会，而起唐天宝十四载乙未为上元，用正月雨水为气首”。[3] 作为秉承符天历法主旨的《调元历》，“施于朝廷”，颁行使用，但通行五年即废，复用唐末《崇玄历》。[4] 此后，《调元历》又向北传入辽朝，行用 48 年，一跃成为耶律氏极力推崇的朝廷历法，确是不可与昔日“民间小历”的地位同日而语。

---

[1] 〔宋〕王应麟著，〔清〕翁元圻等注，栾保群等校点：《困学纪闻》卷 9《历数》，上海古籍出版社，2008，第 1138 页。

[2] 陈久金：《符天历研究》，《自然科学史研究》1986 年第 1 期。

[3] 《新五代史》卷 58《司天考》，第 670 页。

[4] 孙猛认为，唐末边冈修撰的《崇玄历》也承袭了《符天历》的算法。参见《日本国见在书目录详考》，第 1386 页。

三、七曜历

唐代律令文献中还有《七曜历》的记载。《唐律疏议》卷9《私有玄象器物》称:“诸玄象器物,天文、图书、谶书、兵书、《七曜历》、《太一》、《雷公式》,私家不得有。”疏议曰:“《七曜历》,谓日、月、五星之历。”[1]但这种“日、月、五星之历”,“却另有特殊约定——专指一种异域输入的天学,主要来源于印度,但很可能在向东向北传播过程中带上了中亚色彩的历法、星占及择吉推卜之术”。[2]自东汉刘洪撰《七曜术》以来,七曜历术的撰述层出不穷,其中尤以南朝陈氏为盛。[3]隋代的撰述,《隋书·经籍志》收录张宾《七曜历经》四卷,张胄玄《七曜历疏》五卷,《开皇七曜年历》一卷,

---

[1] 《唐律疏议笺解》,第763—764页。

[2] 江晓原:《东来七曜术(上)》,《中国典籍与文化》1995年第2期。

[3] 《隋书》卷34《经籍志三》(第1023—1024页)收录七曜著作23种,其中南朝陈氏八种,分别是《陈永定七曜历》四卷,《陈天嘉七曜历》七卷,《陈天康二年七曜历》一卷,《陈光大元年七曜历》二卷,《陈光大二年七曜历》一卷,《陈太建年七曜历》十三卷,《陈至德年七曜历》二卷,《陈祯明年七曜历》二卷。就性质而言,这八种七曜历著是一年一换的实用历日,而非历法。包括隋代的《开皇七曜年历》和《仁寿二年七曜历》,其实也是依据《七曜历》制作的实用历日。

《仁寿二年七曜历》一卷。《旧唐书·经籍志》著录刘孝孙《七曜杂术》二卷。降至李唐，史籍可考的《七曜历》有曹士蔿《七曜符天历》一卷，《七曜符天人元历》三卷，但这两部著作确切地说是《符天历》，由此看来《七曜历》与《符天历》具有密切的关系。或可注意的是，日本僧圆珍《福州温州台州求得经律论疏记外书等目录》有《七曜历》一卷两种。咸通六年（865），归国的日本僧人宗叡在《新书写请来法门等目录》中收录了唐人编撰的《七曜二十八宿历》一卷，《七曜历日》一卷。[1] 又《日本国见在书目录》"天文家"中收有《七曜巡行》一卷，《七曜星辰别行法》一卷。[2] 此外，还有敦煌写本 P.2693《七曜历日一卷并十二时》、P.3081《七曜日吉凶推占法》以及见于佛经的《梵天火罗九曜》《宿曜经》《七曜攘灾诀》等。唐代所见的七曜历术著作，大略如上所述。

在《唐律》的规定中，《七曜历》与天文、图书、谶书等相提并称，说明此历有预测灾祥和"以占吉凶"的作用。这种"符命历数之说"，"从来为皇家所重视，

---

[1] No.2174《新书写请来法门等目录》，《大正藏》第 55 册，第 1111 页。
[2] 《日本国见在书目录详考》，第 1388—1390 页。

《七曜历》既属外来历法与卜筮书，则输入以后，不久当可引起皇家之注意”，[1] 故而朝廷明令予以禁止。大历二年（767），代宗重申天文图书及《七曜历》之禁："其玄象器局、天文图书、《七曜历》、《太一》、《雷公式》等，私家不合辄有。"[2] 说明唐代社会中钻研《七曜历》者绝不在少数。杜甫《送樊二十三侍御赴汉中判官》诗"坐知七曜历，手画三军势"，[3] 可知这位赴汉中任职的侍御就通晓《七曜历》。《李涪刊误》卷下《七曜历》载：

> 贾相国耽撰《日月五星行历》，推择吉凶，无不差缪。夫日星行度，迟速不常。谨按《长历》，太阳与水星一年一周天，今贾公言一星直一日，则是唐尧圣历，甘氏星皆无准凭，何所取则？是知贾公之作，过于率尔。复有溺于阴阳，曲言其理者，曰："此是七曜日直，非干五星常度。"所

[1] 王重民：《敦煌本历日之研究》，收入氏著《敦煌遗书论文集》，中华书局，1984，第126页。

[2] 《旧唐书》卷11《代宗纪》，第285页。

[3] 〔唐〕杜甫著，〔清〕仇兆鳌注：《杜诗详注》，中华书局，1979，第351页。

言既有迟速，焉可七日之内，能致一周。贾公好奇而不悟其怪妄也。[1]

按照《唐律疏议》的解释，“《七曜历》，谓日、月、五星之历”，即是推算日月五星自然行度的历法，正与《日月五星行历》相合。其中“一星直一日”“七曜日直”“七日之内，能致一周”诸句，刚好与《宿曜经》“其行一日一易，七日一周，周而复始”呼应，说明贾耽所撰《日月五星行历》就是不折不扣的《七曜历》。所谓“推择吉凶，无不差谬”的描述，正是《七曜历》“推占吉凶、卜择时日”的反映，这也是唐代律令禁止私家不合辄有《七曜历》的原因。

《七曜历》的性质，绝不仅限于“占候吉凶”，在很大程度上它含有历法学的内容。也就是说，《七曜历》也有要求合于日月五星运行规律的年法、月法、日法、闰法及推定节气的方法，犹如纯正历法的格局。只不过它的日法比较突出，采用了不同于中国传统纪日的七曜直日法，且被赋予了推占吉凶的意义，因而以日

[1] 〔唐〕李涪撰:《李涪刊误》卷下《七曜历》，丛书集成初编，中华书局，1991，第18页。

法特点来命名《七曜历》。[1] 七曜直日的历算特征，不仅在汉译佛经《七曜攘灾诀》所见五星及罗睺、计都的七份星历表中有所反映，而且在天竺历法《九执历》中也有体现：

> 推积日及小余章：闰及甲子算七曜直等在术中。……又置积日，以六十除弃之，余从庚申算上命之，得甲子之次；又置积日，以七除弃之，余从荧惑月命，得之七曜直日次。一算为荧惑，二算为辰星，三算为岁星，四算为太白，五算为填星，算定为日。其七曜直用事法，别具本占。[2]

这里“积日”是历法学术语，是指从历元到所求日在内的总天数。将此积日分别除以 60 和 7，根据所得余数，可算得所求日的干支和七曜直日，由此可建立六十甲子与七曜直日的对应关系。前者是中国

[1] 刘世楷：《七曜历的起源：中国天文学史上的一个问题》，《北京师范大学学报》（自然科学版）1959 年第 4 期。

[2]《唐开元占经》卷 104《算法》，第 742—743 页；《增订隋唐历法史の研究》，第 181—182 页。

传统的干支纪日法，后者则是外来的七曜直日法。因此，从积日及小余算得七曜直日的方法来看，《七曜历》显然含有历算的内容。或可参照的是，在古代日本，朝廷每年正月初颁布《七曜历》，它实际上是一种“天体位置表”，即列表记载一年间每天的七曜在宿的二十八星名与入宿度（经度），[1]其中不乏有数理天文学的因素在内。这样看来，《七曜历》既有“占候吉凶”的特征，又有合于日月五星运动规律的年、月、日法的推算，可以说“是由数理的历法与迷信的数术相互揉（糅）和而成的”。[2]

第四节　唐代历法在日本的颁行

六朝隋唐时期，中国的天文历法之学得到了长足的发展。历法的修订与编撰工作更是受到统治者的高度重视，先后涌现出数十部优秀历法成果。相比之下，与中原王朝一水之隔的日本，此时的历法学却十分落

[1] 《日本国见在书目录详考》，第1388页。

[2] 刘世楷：《七曜历的起源：中国天文学史上的一个问题》，《北京师范大学学报》（自然科学版）1959年第4期。

后。根据《日本书纪》《续日本纪》《三代实录》等史书的记载，日本的历法学正是在渐次引进南朝何承天的《元嘉历》和唐朝诸多历法的基础上发展起来的。

日本引进唐朝的历法，《日本三代实录》卷5贞观三年（861）六月十六日己未条有一段详细的记载：

> 始颁行《长庆宣明历经》。先是，阴阳头从五位下兼行历博士大春日朝臣真野麻吕奏言："谨检。丰御食炊屋姬天皇（推古）十年十月，百济国僧观勒始贡历术，而未行于世。高天原广野姬天皇（持统）四年十二月，有敕始用《元嘉历》，次用《仪凤历》。高野姬天皇（称德）天平宝字七年八月，停《仪凤历》，用《开元太衍历》。厥后，宝龟十一年，遣唐使录事故从五位下行内药正羽栗臣翼贡《宝应五纪历经》，云大唐今停《太衍历》，唯用此经。天应元年，有敕令据彼经造历日。无人习学，不得传业。犹用《太衍历经》，已及百年。真野麻吕，去齐衡三年，申请用彼《五纪历》。朝庭议云，国家据《太衍历经》，造历日尚矣，去圣

已远，义贵两存。宜暂相兼，不得偏用。贞观元年，渤海国大使马(乌)孝慎新贡《长庆宣明历经》云，是大唐新用经也。真野麻吕试加覆勘，理当固然。仍以彼新历，比校《太衍》、《五纪》等两经，且察天文，且参时候，两经之术，渐以粗疏，令朔节气既有差。又勘大唐开成四年、天平十二年等历，不复与彼新历相违。《历议》曰：'阴阳之运，随动而差。差而不已，遂与历错者。'方今大唐开元以来，三改历术。本朝天平以降，犹用一经。静言事理，实不可然。请停旧用新，钦若天步。"诏从之。[1]

此段是日本颁行唐朝《宣明历》的背景说明。《宣明历》由司天监徐昂撰，穆宗长庆二年（822）正式颁行，39年后传入日本行用。根据阴阳头真野麻吕的奏

[1] 《日本三代实录》卷5贞观三年六月十六日己未条，《国史大系》第4卷，经济杂志社，1897，第89—90页；《日本国见在书目录详考》，第1408—1409页。

状，[1] 参照李廷举、王勇、孙猛先生的撰述，[2] 我们可对唐历传输日本及行用的过程略作编年梳理：

推古天皇十年（602），百济僧观勒向日本进献“历术”，但并未行用。《日本书纪》卷22载：“冬十月，百济僧观勒来之，仍贡历本及天文地理书、并遁甲方术之书也。是时，选书生三四人，以俾学习于观勒矣。阳胡史祖玉陈习历法，大友村主高聪学天文、遁甲，山背臣日并立学方术。皆学以成业。”[3] 鉴于百济僧携带了天文、地理、方术等著作，日本国专门挑选了四名学生跟随观勒研习天文、历法、遁甲、方术之学。联系当时百济行用何承天《元嘉历》的情

[1] 阴阳头为阴阳寮的长官，“掌天文历数，风云气色，有异密封闻奏事”。阴阳寮是天文历法机构，隶属于中务省，性质上与唐太史局（监）类似，其下置有阴阳师、阴阳博士、阴阳生、天文博士、天文生、历博士、历生、漏刻博士、守辰丁等。参见〔日〕仁井田陞著，池田温等编集：《唐令拾遗补（附唐日两令对照一览）》，东京大学出版会，1997，第902—903页。

[2] 李廷举、吉田忠主编：《中日文化交流史大系·科技卷》，浙江人民出版社，1996，第24—33页；王勇：《唐历在东亚的传播》，《台大历史学报》2002年第30期，第33—51页；《日本国见在书目录详考》，第1404—1410页。

[3] 《日本书纪》卷22推古天皇十年（602）十月条，《国史大系》第1卷，经济杂志社，1897，第375—376页。

形，[1] 可知百济僧传入日本的仍是元嘉历法。

持统天皇四年（690），“有敕始用《元嘉历》，次用《仪凤历》”，似表明《元嘉历》仅行用一年，次年即改用《仪凤历》。然《日本书纪》的记载略有不同：“甲申，奉敕始行《元嘉历》与《仪凤历》。”[2] 即言此二历并行使用。《仪凤历》，传世文献未见著录，学界普遍认为是《麟德历》的别称。《日本国见在书目录》题为“《麟德历》八卷，《仪凤历》三卷”，可知两者卷数不同，推测或为《麟德历》之删定本。无论如何，这是日本使用唐历的开始。

天平宝字七年（763），日本停用《仪凤历》，取而代之的是施行《大衍历》。[3]《仪凤历》自公元 690 年行用，至 763 年罢停，共施行 74 年。然而，《大衍历》在日本的颁行并不顺利。《续日本纪》卷 12 载：“入唐留学生从八位下下道朝臣真备献《唐礼》一百三十卷，《太衍历经》一卷，《太衍历立成》十二卷，测影铁尺

---

[1] 《隋书》卷 81《东夷传·百济》载：“行宋《元嘉历》，以建寅月为岁首。”第 1818 页。

[2] 《日本书纪》卷 30 持统天皇四年（690）十一月条，第 557 页。

[3] 《续日本纪》卷 24 天平宝字七年（763）八月戊子条：“废《仪凤历》，始用《大衍历》。”《国史大系》第 2 卷，经济杂志社，1897，第 412 页。

一枚，铜律管一部，铁如方响，写律管声十二条，《乐书要录》十卷。”[1]《大衍历》由留学生吉备真备携带传入日本，其时间是天平七年（735）八月。至天平宝字元年（757),《大衍历议》与《汉晋律历志》、《周髀》等数理典籍一道成为官方历算生的学习课本。[2]6年后,《大衍历》始正式颁行。可以看出,《大衍历》从传入日本到准予施用，前后长达28年。

光仁天皇宝龟十一年（780），遣唐使羽栗臣翼进献《宝应五纪历》，奏言《大衍历》已经过时。翌年，敕令据《五纪历》修造历日，但因“无人习学，不得传业”暂停，只能继续沿用《大衍历》。

文德天皇齐衡三年（856），历博士真野麻吕奏请行用《五纪历》，本着“义贵两存”的原则，朝廷裁定“宜暂相兼，不得偏用”,《大衍》《五纪》二历兼行使用。

[1] 《续日本纪》卷12天平七年四月辛亥条，第197页。

[2] 《续日本纪》卷20天平宝字元年（757）十一月癸卯条：“历算生者，《汉晋律历志》《大衍历议》《九章》《六章》《周髀》《定天论》。”（第340页）其中《九章》指《九章算术》,《周髀》即《周髀算经》。《六章》和《定天论》已佚，前者据说当时是朝鲜学生的数学教科书，后者是关于宇宙论的著作。参见《中日文化交流史大系·科技卷》，第32页。

清和天皇贞观元年（859），渤海国大使乌孝慎进献《长庆宣明历》，真野麻吕比校新历，发现《大衍》《五纪》二历粗疏，朔望节气多有差错。又以唐开成四年（839）历日、天平十二年历日覆勘，发觉新历更为精确。至贞观三年（861），正式颁行《宣明历》。至此，《大衍历》自 763 年行用以来，共施行 99 年，其中与《五纪历》并行 6 年。

《宣明历》自贞观三年颁行，直至贞享元年（1684）废止，共行用 824 年。若从 690 年《仪凤历》颁行算起，日本沿用唐朝历法长达 995 年。在此期间的天德元年（957），曾有《符天历》传入日本，但《符天历》亦是反映印度天文学成就的外来历法。总体来看，在长达近千年的时间里，日本始终没有独自编修出一部合格的历法。[1]

需要说明的是，《宣明历》在施行期间，《大衍历》所附文献并未束之高阁，而是相副《宣明历》“为道业经”。这些阐释《大衍历》的文献有《大衍历经》一卷，《历议》十卷，《立成》十二卷，《略例奏章》一卷，《历

[1] 《日本国见在书目录详考》，第 1409—1410 页。

例》一卷,《历注》二卷,共二十七卷。[1]它们与《宣明历》一道成为日本培养历算人才并推进历法学发展的重要资料。

唐代历法修撰表

历名	历家	行用年代	备注
《戊寅历》	傅仁均、崔善为	武德二年（619）至麟德元年（664），共46年	唐第一部历法。武德元年沿用隋《大业历》
《麟德历》	李淳风	麟德二年（665）至开元十六年（728），共64年	中间与《经纬历》参行使用
《千岁历》	王勃	未曾行用	宣扬唐德灵长千年，不合承周、隋短祚，实为歌颂李唐正统及享国永祚的应时之作
《经纬历》	瞿昙罗	与《麟德历》参行	当属天竺历法之类
《光宅历》	瞿昙罗	未曾行用	当属天竺历法之类
《神龙历》	南宫说	未曾行用	一名《景龙历》，或曰《乙巳元历》
《九执历》	瞿昙悉达译	未曾行用	属天竺历法
《大衍历》	僧一行	开元十七年（729）至至德二载（757），共29年	唐代历法之冠，有《历术》七篇、《略例》一篇、《历议》十篇

[1] 《类聚三代格》卷17元庆元年（877）七月二十二日太政官符·应加行历书廿七卷事，《国史大系》第12卷，经济杂志社，1900，第928—929页。

续表

历名	历家	行用年代	备注
《至德历》	韩颖	乾元元年（758）至上元三年（762），共5年	损益大衍历术而成，每节增二日
《五纪历》	郭献之	广德元年（763）至建中四年（783），共21年	杂糅《麟德历》《大衍历》而成
《符天历》	曹士蒍	只行用于民间	一名《七曜符天历》，世称小历
《正元历》	徐承嗣、杨景风	兴元元年（784）至元和元年（806），共23年	杂糅《麟德历》《大衍历》而成
《观象历》	徐昂	元和二年（807）至长庆元年（821），共15年	无蔀章之数，察敛启闭之候，循用旧法，测验不合
《宣明历》	徐昂	长庆二年（822）至景福元年（892），共71年	《大衍历》后唐代最为精密的历法，也是唐代行用最为长久的历法
《崇玄历》	边冈	景福二年（893）至后晋天福三年（938），共46年	唐代最后一部历法，五代后梁、后唐、后晋沿用

第四章　唐代的历日颁赐

历日是一年中月日、朔闰、节气、物候等时间要素的安排。通常来说，岁时节候的确定需要借助日月星辰运行的推算而完成，因而在一定程度上，历日的编纂与颁行始终体现着历法学“敬授人时”的成果。以唐代为例，历日的颁示力求与规范帝国政治、礼仪活动的“月令”相合拍，自然对于帝王政治具有实际的指导作用。另外，历日的功能绝不限于“纪日授时”的意义，而是伴随岁时节令的推演，还衍生出许多社会生产、民俗礼仪及选择宜忌方面的内容，这就使得历日呈现出更为丰富多彩的社会历史文化特征。因此，对于唐代历日的“同情性了解”，不能局限于纪时、朔闰、定年的历法意义，毕竟国内外学者已有很多创获。[1]从社会史的角度来说,透过历日界定的时间秩序,重新审视并开掘历日蕴含的形制、内容及社会历史文化信息,对于中古社会的准确透视或许更有意义。

第一节　唐代历日的修造与颁赐

《周礼注疏》卷26《大史》载:“正岁年以序事,颁之于官府及都鄙,颁告朔于邦国。”郑玄注:“若今时作历日矣,定四时,以次序授民之事。”贾公彦疏:“正岁年者谓造历,正岁年以闰,则四时有次序,依历授民以事。”[2]说明“大史”负责历日的修造以调节年

[1] 《敦煌遗书论文集》,第116—133页;〔日〕藤枝晃:《敦煌历日谱》,《东方学报》(京都版)1973年第45期,第377—441页;施萍亭:《敦煌历日研究》,敦煌文物研究所编:《1983年全国敦煌学术讨论会文集》文史·遗书编上,甘肃人民出版社,1987,第305—366页;黄一农:《敦煌本具注历日新探》,《新史学》1992年第4期;邓文宽:《敦煌吐鲁番天文历法研究》,甘肃教育出版社,2002;陈昊:《吐鲁番台藏塔新出唐代历日研究》,《敦煌吐鲁番研究》第10卷,上海古籍出版社,2007,第207—220页;邓文宽:《邓文宽敦煌天文历法考索》,上海古籍出版社,2010;《跋日本“杏雨书屋”藏三件敦煌历日》,黄正建主编:《中国社会科学院敦煌学回顾与前瞻学术研讨会论文集》,上海古籍出版社,2012,第153—156页。

[2] 《十三经注疏》,第817页。

岁，并表奏朝廷，颁行天下以指导官民的生产生活。《后汉书·百官志》载："太史令一人，六百石。本注曰：掌天时、星历。凡岁将终，奏新年历。凡国祭祀、丧、娶之事，掌奏良日及时节禁忌。"[1] 可知汉时太史令，每逢岁末年终都要主持修订来年历日。《唐六典·太史局》载："每年预造来岁历，颁于天下。"[2]《天圣令》复原唐令："诸年［太史局］预造来岁历，［内外诸司］各给一本，并令年前至所在。"[3] 这表明唐代官方钦定的年历是由国家的天文机构——太史局来负责修造和颁发的。

在唐太史局中，负责历日修造的官员有太史令、司历和历生。太史令"掌观察天文，稽定历数"，其中包括了历法、历日的考核与制定。司历"掌国之历法，造历以颁于四方"，掌管历法、历日的修造与颁行事宜。历生是唐代培养历法人才的后备力量，通常选取 18 岁以上中男"解算数者"，"掌习历"。《大

[1]《后汉书》卷 115《百官志二》，第 3572 页。

[2]《唐六典》卷 10《太史局》，第 303 页。

[3] 天一阁博物馆、中国社会科学院历史研究所天圣令整理课题组校证：《天一阁藏明钞本天圣令校证（附唐令复原研究）》，中华书局，2006，第 734 页、第 749 页。

唐故秘阁历生刘君墓志铭并序》提到“步七耀而测环回，究六历而稽疏密”[1]，可知历生主要研习历法推演之事。吐鲁番台藏塔新出的一件唐代历日残片（编号2005TST26），存有三行文字，其中第三行仅存“三校”两字，前两行分别为“历生□玄彦写并校”“历生李玄逸再校”。此件由于形制和书写较为粗糙，陈昊推测是地方转抄中央颁布历日的尾题，说明历生习历的重要途径是中央颁布的历日，他们基本的工作是抄写和校勘每年颁布的历日[2]。可以肯定的是,参与历日抄写并校勘的两位历生——□玄彦和李玄逸，是官方天文机构——太史局中的天文人员。

唐制，每年历日都由太史局（司天台）提前修造，并表奏中央，然后由朝廷统一颁发。日本《养老令·杂令》第8条:“凡阴阳寮每年预造来年历日，十一月一日申送中务，中务奏闻。内外诸司各给一本，并令年前至所在。”其中“内外诸司”，注曰:“谓被管寮司及郡国司者。省国别写给。”天一阁藏《天圣令·杂令》

[1] 周绍良主编:《唐代墓志汇编》上册，上海古籍出版社，1992，第589页。

[2]《吐鲁番台藏塔新出唐代历日研究》，第207—220页。

第9条："诸每年司天监预造来年历日，三京、诸州各给一本，量程远近，节级送。枢密院颁散，并令年前至所在。"[1]综合《养老令》和《天圣令》的规定，可知来年历日的颁布是在岁末年终的十一、十二两月，大致在新年来临前，完成从中央内外诸司到地方诸州的颁历工作。甚至晚唐五代僻居敦煌的归义军节度使，历日的修造也是十一月。P.4640《归义军布纸破用历》载：己未年（899）十一月二十七日，"支与押衙张忠贤造历日细纸叁帖"；庚申年（900）十一月二十七日，"支与押衙邓音三造历日细纸叁帖"。[2]张忠贤和邓音三是张承奉执掌归义军时期的历日学者，尽管他们编修的是在归义军境内行用的地方历日，但时间上仍限定于十一月"造历日"，体现了与唐王朝历日颁行的一致性。

考虑到唐代疆域的空前辽阔，中央王朝裁定的历日要在两月之内颁发至地方诸州，达到"年前至所在"的程度，可能也有一定的难度。开成五年（840）正月十五日，日僧圆仁在求法途中，行至扬州，"得到当

[1] 《天一阁藏明钞本天圣令校证（附唐令复原研究）》，第734页。

[2] 唐耕耦、陆宏基编：《敦煌社会经济文献真迹释录》第3辑，全国图书馆文献缩微复制中心，1990，第260页、第266页。

年历日抄本”，[1] 时间上已延迟半月。阿斯塔那506号墓所出《唐天宝十三载（754）交河郡长行坊具一至九月蹭料破用帐请处分牒》称：“为正月、二月历日未到，准小月支，后历日到，并大月，计两日料。今载二月十三日牒送仓曹司充和籴讫。”[2] 不难看出，该年历日在二月后还未送至西州。比照《天圣令》所见宋代颁历“量程远近，节级送”的原则，唐代历日的颁行应该也有道途里程和逐级递送的规定[3]，因而与中原内地相比，历日送达缘边州府的时间显然要更晚一些。

太史局修造的“来岁历”，除了向京城的内外诸司和地方诸州颁发外，唐代帝王还经常向百官公卿和朝中大臣颁赐历日。张说《谢赐钟馗及历日表》载：“中使至，奉宣圣旨，赐臣画钟馗一及新历日一轴者。……屏袪群厉，缋神像以无邪；允授人时，颁历书而敬授。”[4] 钟馗是传统民间的降魔捉鬼大神，因而钟馗画像的供养意在“屏袪群厉”，镇妖避邪。历日的颁赐可

[1] 《入唐求法巡礼行记校注》，第194页。

[2] 唐长孺主编：《吐鲁番出土文书》（肆），文物出版社，1996，第487页。

[3] 《吐鲁番台藏塔新出唐代历日研究》，第217页。

[4] 《全唐文》卷223张说《谢赐钟馗及历日表》，第2255页。

谓“三百六旬,斯须而咸睹;二十四气,瞬息而可知”[1],以便官员更好地安排来年的政事和公务活动。不惟京城官员，皇帝颁给藩镇长官的“腊日”赏赐物品中也多有“新历一轴”。刘禹锡《为淮南杜相公谢赐历日面脂口脂表》载:“中使霍子璘至，奉宣圣旨，……兼赐臣墨诏及贞元十七年新历一轴,腊日面脂、口脂、红雪、紫雪并金花银合二、金棱合二。”[2] 这些颁赐公卿大臣和藩镇幕府的新年历日，应是来自集贤院书写的历本。《玉海》卷 55“唐赐历日”条引《集贤注记》:“自置院之后，每年十一月内即令书院写新历日一百二十本，颁赐亲王、公主及宰相公卿等，皆令朱墨分布，具注历星，递相传写，谓集贤院本。”[3] 这里“朱墨分布”是说集贤院本历日主体是用墨色抄写而成，但中间也有朱笔点勘和标注，从而形成朱墨相间的形态。在敦煌具注历日中，P.2591、P.2623、P.2705、P.3247、P.3403、P.3555A、S.95、S.276、S.681、S.2404 等写本中所见

[1] 《全唐文》卷 511 郑细《腊日谢赐口脂历日状》，第 5194 页。

[2] 《全唐文》卷 602 刘禹锡《为淮南杜相公谢赐历日面脂口脂表》，第 6082 页。

[3] 〔宋〕王应麟纂:《玉海》卷 55《艺文 · 唐赐历日》，上海书店、江苏古籍出版社，1988，第 1054 页。

九宫色、岁首、岁末、蜜日、漏刻、日游、人神、人日、藉田、启源祭、祭川原、社、奠、祭雨师、初伏、中伏、后伏、腊等信息，俱为朱笔标注，[1]而其他历日内容，全用墨笔写成。至于“具注历星”，当是历日中吉凶休咎和选择宜忌的注释和说明。《唐六典·太卜署》载：“凡阴阳杂占，吉凶悔吝，其类有九，决万民之犹豫：一曰嫁娶，二曰生产，三曰历注，四曰屋宅，五曰禄命，六曰拜官，七曰祠祭，八曰发病，九曰殡葬。凡历注之用六：一曰大会，二曰小会，三曰杂会，四曰岁会，五曰除建，六曰人神。凡禄命之义六：一曰禄，二曰命，三曰驿马，四曰纳音，五曰湴河，六曰月之宿也。皆辨其象数，通其消息，所以定吉凶焉。”[2]这些趋吉避凶的时日宜忌添加于历日中，从而以“历注”的形式赋予年、月、日的选择意义，成为指导人们生产生活的依据。这样看来，“朱墨分布，具注历星”并非集贤院本的独特形制，实是中古历日撰述中比较常

---

[1] 甚至 P.2705 卷末的“勘了，刘成子”的题记，以及 S.P6 卷尾“报䴵大德永世为父子，莫忘恩也”的题识，也是用朱笔所写。

[2] 《唐六典》卷 14《太卜署》，第 413 页。

见的一种书写形式。[1]

唐制，历日的修造与颁布始终在大一统王朝的严格控制下进行。安史之乱后，随着藩镇势力的强大以及边疆民族危机的加深，中央王朝对周边民族、地方藩镇的控制与影响大为降低。中唐以后，唐室帝王对百官臣僚和方镇长官频繁的历日赏赐，事实上也削弱了“太史历本”象征的君主特权。差不多同时，历日已经融入人们的日常生活之中，并成为官员文人的案头常备物品。李益《书院无历日以诗代书问路侍御六月大小》[2]表明，历日是官员了解一年时间行度、每月大小的重要方式。白居易《十二月二十三日作，兼呈晦叔》“案头历日虽未尽，向后唯残六七行”[3]，说明历日已经成为文人官员立身行事的指南，似乎日常活动

[1] 其实，“朱墨分布”的撰述形式在中古写本中也比较普遍，而并不仅限于具注历日。杏雨书屋藏羽 40R《新修本草》残卷提到，“右朱书《神农本经》，墨书《名医别录》，新附者条下注言‘新附’，新条注称‘谨案’”。可见，“朱墨分书”的体例为本草学著作的甄别提供了可靠的依据。参见日本武田科学振兴财团编集:《杏雨书屋藏敦煌秘笈》影片册 1，はまや印刷株式会社，2009，第 271 页。

[2] 〔清〕彭定求等校点:《全唐诗》卷 283，中华书局，1960，第 3231 页。

[3] 〔唐〕白居易著，顾学颉校点:《白居易集》卷 31，中华书局，1979，第 691 页。

都要翻看历日，且每过一日，即撕去一角，乃至十二月二十三日，旧历仅存六七行。元稹《题长庆四年历日尾》“残历半张余十四，灰心雪鬓两凄然。定知新岁御楼后，从此不名长庆年”。[1] 即言案头摆放的长庆四年（824）历日残存十四行，距离新岁宝历元年（825）仅有为数不多的 14 日，因而诗人发出了“从此不名长庆年”的感叹。

随着历日内在实用功能的增强以及雕版印刷的发明，唐代民间私造历日的活动甚为盛行。比如剑南东、西两川及淮南道，“皆以版印历日鬻于市”，每年司天台还没有颁下新历，民间私自刻印的历日已经遍布天下。文宗大和九年（835）十二月，东川节度使冯宿上疏，要求朝廷禁断“印历日版”。[2] 同月丁丑，文宗诏敕，命令“诸道府不得私制历日板”[3]。但开成三年（838）十二月二十日，入唐求法的日本僧人圆仁就在扬州“买新历”[4]，可知并不能从根本上阻止民间私自

[1] 〔唐〕元稹著，冀勤点校：《元稹集》卷 22，中华书局，1982，第 253 页。

[2] 《全唐文》卷 624 冯宿《禁版印时宪书奏》，第 6301 页。

[3] 《旧唐书》卷 17《文宗纪》，第 563 页。

[4] 《入唐求法巡礼行记校注》，第 87 页。

印历的风气，甚至在上都长安的东市，还有“大刀家”店铺堂而皇之地印制历日（S.P12）。《唐语林》卷7《补遗》载:“僖宗入蜀。太史历本不及江东，而市有印货者，每差互朔晦，货者各征节候，因争执。里人拘而送公，执政曰：‘尔非争月之大小尽乎？同行经纪，一日半日，殊是小事。’遂叱去。”[1] 所谓“僖宗入蜀”是指黄巢起义攻入长安之际，僖宗前此逃亡成都之事。因为皇权扫地，一落千丈，作为体现君主统治的“太史历本”，自然没有在江东行用，蜀地因而遂有自制历日之使用。即使在西蜀一地，当时民间行用的历日也不统一，以致市场上货卖的不同历日，常有晦朔之差。可知蜀地自造历日者，也并非一家。唐末历日之混乱[2]，由此可见一斑。

蜀地自造贩卖的诸家历日，除了晦朔之差外，还兼有禄命推占和吉凶祸福的内容。S.P10《唐中和二年（882）剑南西川成都府樊赏家印本历日》[3]云：

[1] 《唐语林校证》卷7《补遗》，第671页。

[2] 王重民认为，唐历与蜀历有所不同，然据孙光宪《北梦琐言》所载，蜀历又与敦煌历相同。由此可见“唐末边疆历日之不统一”。参见《敦煌本历日之研究》，《敦煌遗书论文集》，第122—123页。

[3] 中国社会科学院历史研究所等编：《英藏敦煌文献》第14卷，四川人民出版社，1995，第249页。

1. 剑南西川成都府樊赏家历[ ]

2. 中和二年具注历日。凡三百八十四日，太岁壬寅，干属水、支木、纳音属金，年□[ ]

3. 推男女九曜星图。行年至罗候星，求觅不称情，此年忌起造、拜蘸最为情□□白吉。运至太白宫，合有厄相逢，小人多服孝，君子受三公[ ]岁逢计都[ ]不安宁，且须[ ]

（后缺）

这里“樊赏家”，即西川成都府刻版印刷历日的店铺名称。除此之外，敦煌文书所见的佛经、阴阳书、灸经和历日中，还有“西川过家印真本”（S.5534/S.5669）、“京中李家于东市印”（P.2675）和“上都东市大刀家本印”的题记，可见九世纪时期成都、长安两地都有雕版印刷的铺子。[1] 成都府樊赏家所印具注历日在敦煌发现并被保存，乃是因为中世中古的晚唐五

[1] 〔日〕妹尾达彦：《唐代长安东市民间的印刷业》，《中国古都学会第十三届年会论文集》，1995，第 226—234 页。

代，“成都与敦煌之间，已经有了相互交往的路线”[1]。所以这些西川印本历日、佛经以及阴阳书籍，借此得以流转敦煌。值得注意的是，第三行“推男女九曜星图”及罗候（睺）、计都、太白的行年推命，是中古时期颇为流行的一种星命推占，可称为“九曜行年”，这是以世人的年岁为据而将人的命运与九曜联系起来的推命方式，同时兼顾一些本命斋醮和祈禳的因素。[2]若将视野进一步拓展，S.P6《乾符四年丁酉岁（877）具注历日》是由敦煌的一位翟姓州学博士根据中原历改造而成，[3]其中包含了许多吉凶宜忌和禄命推占的阴阳术数元素。另一件来自长安东市“大刀家”店铺的印本历日（S.P12），虽然仅存尾部一残页，但仍有“八门占雷”和“周公五鼓逐失物法”的部分内容。因此，从敦煌发现的这三件刻本历日来看，民间私自印制的历日，

---

[1] 陈祚龙：《中世敦煌与成都之间的交通路线》，《敦煌学》第1辑，香港新亚研究所敦煌学会，1974，第79—86页；《唐代研究论集》第3辑，新文丰出版公司，1992，第433—445页。

[2] 赵贞：《“九曜行年”略说：以P.3779为中心》，《敦煌学辑刊》2005年第3期。

[3] 邓文宽辑校：《敦煌天文历法文献辑校》，江苏古籍出版社，1996，第236页。

往往含有禄命推占和吉凶宜忌的阴阳占卜内容，恰到好处地迎合了广大民众趋吉避凶的普遍观念，因而致使民间私造、印历之风屡禁不止。

第二节　唐代历日的形制与功用

从理论上说，历日每年一造，唐代享国290年，其间修造的历日自然相当丰富。但受材料所限，传世文献所见唐代历日仅有一件《开成五年历日》。又据《日本三代实录》记载，清和天皇贞观元年（859），日本国用唐开成四年历日、天平十二年历日来覆勘《宣明历》，[1]可知唐代历日曾传入日本，可惜其内容不明。或可幸喜者，敦煌吐鲁番文书中保存了唐代历日30件，这为了解唐代历日的内容与形制提供了宝贵的资料。

就形制而言，唐代历日有简本和繁本之分。通常来说，简本历日以朔日甲子为序，或逐日排列，或以二十四节气为序进行编排，中间兼及社、奠、腊等个别纪事，总体没有吉凶标注，内容相对简单。吐鲁番

[1] 《日本三代实录》卷5贞观三年六月十六日己未条，《国史大系》第4卷，第89—90页。

出土《高昌延寿七年庚寅岁（630）历日》是一件麹氏高昌的残历，其编制形式与汉简历谱的编册横读历日相同，横排12行，分置十二月，每月1行。竖排30列，每列1日，依次安排一日至三十日。内容仅存干支纪日、建除十二直和节气——小雪。[1]总体来看，此件抄录月、日之要素极为简略，属简本历日。又如S.3824《元和十四年己亥岁（819）历日》，首起五月十八日甲午金建，终于六月九日乙卯水成，皆以干支为序，逐日编排，不知年九宫、月九宫，亦无吉凶注记，仅五月十八日有"天赦"和蜜日标注，[2]其他均无宜忌标注，因而仍属简本之列。

以二十四节气为序而编排的简本历日，目前所见仅有《开成五年（840）历日》，圆仁《入唐求法巡礼行记》曾有收录，现移录如下：

---

[1] 柳洪亮：《新出麹氏高昌历书试析》，《西域研究》1993年第2期，收入氏著《新出吐鲁番文书及其研究》，新疆人民出版社，1997，第339—354页；邓文宽：《吐鲁番新出〈高昌延寿七年历日〉考》，《文物》1996年第2期，收入氏著《敦煌吐鲁番天文历法研究》，甘肃教育出版社，2002，第228—240页。

[2]《敦煌天文历法文献辑校》，第124—127页。

开成五年历日，干金，支金，纳音木。凡三百五十五日。合在乙巳上取土修造。大岁申，大将军在午，大阴在午，岁德在申酉，岁刑在寅，岁破在寅，岁煞在未，黄幡在辰，豹尾在戌，蚕官在巽。

正月大，一日戊寅土建，四日得辛，十一日雨水，廿六日惊蛰。

二月小，一日戊申土破，十一日社、春分，廿六日清明。

三月大，一日丁丑水闭，二日天赦，十二日谷雨，廿八日立夏。

四月小，一日丁未水平，十三日小满，廿八日芒种。

五月小，一日丙子水破，十四日夏至，十九日天赦。

六月大，一日乙巳火开，十一日初伏，十五日大暑，廿日立秋。

七月小，一日乙亥土平，二日后伏，十五日处暑。

八月大，一日甲辰火成、白露，五日天赦，

十五日社，十六日秋分。

九月小，一日甲戌火除，二日寒露，十七日霜降。

十月大，一日癸卯金执，二日立冬，十八日小雪，廿二日天赦。

十一月大，一日癸酉金收，三日大雪，廿日冬至。

十二月大，一日癸卯金平，三日小寒，十八日大寒，廿六日腊。

右件历日具注勘过。[1]

可以看出，《开成五年历日》旨在二十四节气的描述，同时兼顾朔日干支及春社、秋社、初伏、后伏、腊的日期。除此之外，还有两点值得注意：一是“得辛”，即正月初一后的第一个“辛”日。该历正月戊寅朔，可知四日辛巳，故有“四日得辛”的说法。与此相应，历日中还有“几龙治水”的标注。S.612《宋太平兴国三年戊寅岁（978）具注历日》载，“六日得辛，

[1] 《入唐求法巡礼行记校注》，第194页。

七龙治水”。[1]《金天会十三年乙卯岁（1135）历日》载，“十二龙治水，七日得辛”。所谓“几龙治水”，是以正月初一后的第几日为“辰”日来计算的。古人认为龙多则雨少，龙少则雨多，故须在得辛日备供品向神明祈谷，[2]以求风调雨顺，五谷丰登。二是“天赦”，即赦宥罪过之吉日。《星历考原》卷3“天赦”条引《天宝历》曰：“天赦者，赦过宥罪之辰也。……天赦其日，可以缓刑狱、雪冤枉、施恩惠，若与德神会合，尤宜兴造。”《历例》曰：春戊寅，夏甲午，秋戊申，冬甲子是也。曹震圭曰：“天赦者，乃天之赦过宥罪之神也。”[3]同书卷6“肆赦”条引《历例》曰：“凡赦过宥罪、释狱缓刑、蠲除赋役、起拔幽锢、抚纳流亡、复还迁黜等事，宜天赦天德合。”[4]由此可见，天赦是颁布大赦、释放囚徒、蠲免赋役、宣示恩惠的吉日。开成五年历中，天赦注

[1] 郝春文编著：《英藏敦煌社会历史文献释录》第3卷，社会科学文献出版社，2003，第284页。

[2] 邓文宽：《金天会十三年乙卯岁（1135）历日疏证》，《文物》2004年第10期。

[3] 〔清〕李光地等撰：《钦定星历考原》卷3《月事吉神·天赦》，四库术数类丛书（九），上海古籍出版社，1991，第41页。

[4] 《钦定星历考原》卷6《用事宜忌·肆赦》，第96页。

于三月二日（戊寅）、五月十九日（甲午）、八月五日（戊申）、十月廿二日（甲子），这与《历例》的规定正相契合。[1] 这样看来，历日中的"天赦"标注，显然是适应了朝廷大赦天下的需要。中唐以后，中央王朝面对当前的政治和社会问题（如疏理囚徒、减免赋役、权停修造、赈济灾害、旌表孝亲等），往往通过各种形式的大赦诏令来予以解决，反映在历日中便有"天赦"的标注。

至于繁本历日，虽然也是逐日排列，但每日大致都有吉凶神煞和宜忌事项，总体呈现出择吉避凶的宜忌特征，进而给人们的立身行事和日常生活提供时间指南。历法专家张培瑜指出，中国历书发展到唐宋，内容极为庞杂。仅列于每日之下的历日记载和历注就有蜜（星期）、日序、干支、纳音、建除、二十八宿、上朔、土王、没灭、弦望、节气、伏腊社霉、七十二候、卦用事日、日出入方位、昼夜漏刻、大小岁会凶会、黄道黑道、其他吉凶神煞、人神、日游及用事宜忌事

[1] S.3824《元和十四年己亥岁（819）历日》"五月十八日甲午"注有"天赦"，亦与此制相合。

项等二十多种类目。[1] 吐鲁番出土《唐显庆三年戊午岁（658）历日》《唐仪凤四年己卯岁（679）历日》《唐开元八年庚申岁（720）历日》和台藏塔出土《唐永淳二年癸未岁（683）历日》《唐永淳三年甲申岁（684）历日》中，已有岁位、岁对、小岁后、天恩、母仓、往亡、归忌、血忌等神煞，以及加冠、拜官、入学、祭祀、婚嫁、移徙、修井、起土、修宫室、解除、疗病、斩草等事宜。其中台藏塔所出历日有标题“永淳三年历日”，且有“历生□玄彦写并校”“历生李玄逸再校”“历生□□□三校”的标记，[2] 可知该件为官颁历日。尽管每日历注中已有吉凶宜忌的内容，但似不能称“具注历日”，而仍以“历日”定名，大概这种命名方式一直使用到唐武宗时期，自僖宗时期以后则使用“具注历日”。[3] 在敦煌所出历书中，此类“具注历星”的写本较多，兹以国图藏 BD16365A《唐乾符四年丁酉岁（877）

[1] 张培瑜：《黑城新出天文历法文书残页的几点附记》，《文物》1988年第4期；张培瑜、卢央：《黑城出土残历的年代和有关问题》，《南京大学学报》1994年第2期。

[2] 《新获吐鲁番出土文献》，第258—263页。

[3] 陈昊：《“历日”还是“具注历日”：敦煌吐鲁番历书名称与形制关系再讨论》，《历史研究》2007年第2期。

具注历日》为例：

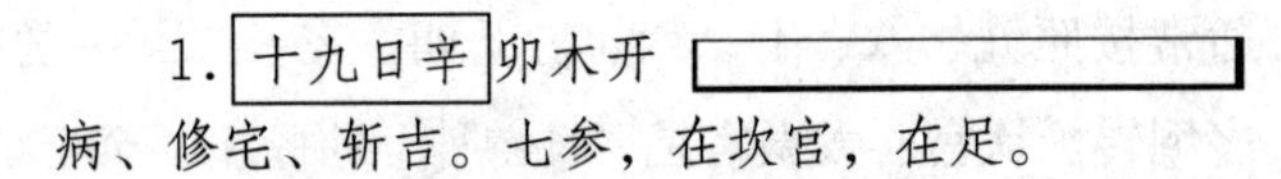

1. 十九日辛卯木开 　　　　　　　　病、修宅、斩吉。七参，在坎宫，在足。

2. 廿日壬辰水闭，小暑至，　　　　　　　　六井，坎宫，在内跨。

3. 廿一日癸巳水建，天门，拜官、立柱、造车、修井吉。五鬼，在太微宫，在手小指。

4. 廿二日甲午金除，下弦，侯大有内，天赦。四柳，在太微宫，在外踝。

5. 廿二日乙未金满，合德、九焦、九坎，入财、解厌吉。三星，在太微宫，在肝。[1]

在此件历日残片中，“小暑至”是七十二物候之一，“侯大有内”是六十四卦之一，按照《大衍历》的安排，它们是二十四节气“小满四月中”的物候和卦气。参、井、鬼、柳、星为二十八宿中五宿，它们逐日变换，

[1] 中国国家图书馆编：《国家图书馆藏敦煌遗书》第 146 册，国家图书馆出版社，2012，第 117 页；《国家图书馆藏敦煌遗书·条记目录》，第 55 页；邓文宽：《两篇敦煌具注历日残文新考》，《敦煌吐鲁番研究》第 13 卷，上海古籍出版社，2013，第 197—201 页。

是二十八宿注历的反映。星宿前面的数字七、六、五、四、三是日九宫的标注，也是逐日变换，以九为周期，通常按照九、八、七、六、五、四、三、二、一的顺序倒转。坎宫、太微宫是“日游神”的标注，至于足、内跨、左手小指、外踝、肝等，则是人神所在位置的说明。此外，下弦是月相，天门、合德、九焦、九坎、天赦是神煞，拜官、立柱、造车、修宅、修井、入财、解厌等是各日适宜事项。考虑到该件的残历性质，敦煌所出历日中还有节气、三伏、社日、蜜日、没日、灭日、漏刻等的标注，可以说是名副其实的具注历日。

历日的核心是对四时、八节、二十四气、七十二候的确定，并力求与天道、自然与时令保持一致，可谓是历法学对时日至上至美的追求。因此，历日的颁行同样体现着“稽定历数”“敬授民时”的作用。不惟如此，在帝王政治的对外交往中，朝廷历日的颁赐往往有宣示国家正朔的象征意义。历代帝王开拓边疆与颁布历法，两者相辅相成，表现出统御时空的占有欲。周边民族倘若遵奉正朔，即被编入中国帝王支配的时间序列，政治上意味着臣服，空间上则被纳入共同的文明圈，经济上获准参与朝贡贸易。[1] 开皇六年（586），“隋颁历于突厥”，胡三省注“班历则禀受正朔矣”，[2] 即是突厥纳款臣服，接受隋朝正朔的表现。武德七年（624）二月，高句丽“遣使内附，受正朔，请颁历”。[3] 贞观十年（636）三月，“吐谷浑王诺曷钵遣使请颁历，行年号，遣子弟入侍”。[4] 咸通七年（866）八月，黠戛斯遣使“请亥年历日”。[5] 这些事例表明，中原王朝通过颁历、赐历的形式，将上天赋予的“奉天承运”的象征性统治权力展示出来，从而确立了一种合法驾驭或镇抚周边民族及割据政权的统治秩序。最有代表性的是，显庆五年（660），刘仁轨讨伐百济，临行前“于州司请历日一卷，并七庙讳”，并解释说：“拟削平辽海，颁示国家正朔，使夷俗遵奉焉。”[6] 此举表明，历日的颁行正是李唐国势昌运和“正朔”观念的含蓄宣

[1] 王勇：《唐历在东亚的传播》，《台大历史学报》2002年第30期，第33—51页。

[2] 《资治通鉴》卷176长城公至德六年（586）条，第5485页。

[3] 《通典》卷186《边防二·高句丽》，第5016页。

[4] 《资治通鉴》卷194太宗贞观十年（636）三月条，第6119页。

[5] 《资治通鉴》卷250懿宗咸通七年（866）十二月条，第8117页。

[6] 《旧唐书》卷84《刘仁轨传》，第2795页。

扬，意味着唐王朝建构的统治秩序即将在朝鲜半岛得到确认与推行。简言之，“以天命攸归”自居的历代皇帝，一向视“颁正朔”为中央王朝的特权，历日行用区域也就成了王权所及的重要象征。[1]

从表面来看，历日是对一年中四时、节气、物候等的时间要素的安排。但在帝王政治中，历日的修造与颁布还被赋予了政治和礼仪文化的象征意义，并通过时空秩序的规范向举国天下和藩邦四夷传递出去。职是之故，太史局在修造历日的过程中，始终与帝国的政治、礼仪活动相结合，并切实可行地制定出国家政务活动与大祀礼典的时间秩序，最后经过皇帝的审核、裁定后颁行天下。伴随着历日的颁示，来年中帝国的政务运行和祭祀礼仪的时间序列表露无遗，对于中央诸司机构和地方州县官员理解朝廷政事和礼仪活动的基本节奏具有重要意义。另外，周边民族或割据政权一旦接受了中央王朝的赐历，意味着他们对“太史历本”规定的时间秩序和政治节奏表达了基本认同，并将所有的活动纳入这种时间序列，在共同的时间基

[1] 邓文宽:《敦煌吐鲁番历日略论》,《传统文化与现代化》1993 年第 3 期，收入氏著《敦煌吐鲁番天文历法研究》，第 45—59 页。

调中开展与中央王朝的交通往来。[1]

历日渗透的政务与礼典活动，在敦煌具注历日的朱笔标注中略有反映。比如正月“岁首”，通常要举行百官朝会和贺正仪式。又如“藉田”，这是孟春亥日举行的象征天子“亲耕”“始耕”的“享先农”仪式。还有“风伯”和“雨师”，分别指立春后丑日祭祀风神、立夏后申日祭祀雨神，以求风调雨顺。其他如“奠”“社”，即“释奠”和“社祭”，二者均有春、秋之分，分别指上丁日祭拜先圣孔宣父和上戊日祭祀社神的活动。在敦煌具注历日中，释奠和社祭通常选择在最为接近春分、秋分的丁日、戊日进行。[2] 至于“腊”，则是季冬辰日“腊祭百神”的活动。这些祭祀礼典,《大唐开元礼》均有收录并大略归入中祀、小祀名目中。[3] 这说明具注历日中“奠”“社”等的朱笔书写，其实就是国家祀典的一种特别标注。若将这些礼典与四立（立

---

[1] 韦兵:《竞争与认同：从历日颁赐、历法之争看宋与周边民族政权的关系》,《民族研究》2008 年第 5 期。

[2] 《归义军史事考论》, 第 111 页。

[3] 根据《开元礼》的记载，社稷、先蚕、孔宣父为中祀，风师、雨师为小祀，“州县社稷释奠及诸神祠并同小祀”。参见《大唐开元礼》卷 1《序例上》, 第 12 页。

春、立夏、立秋、立冬）、二分二至（春分、秋分、夏至、冬至）维系的“大祀”祭礼统合起来，那么，历日界定的时间秩序无疑为帝国的政治文化提供了一种惯性的礼仪节奏序列。从这个意义来说，具注历中的朱笔标注，看似某种“纪日”的强调，但实则是政治礼仪层面某种“序事”的特别表达，对官民百姓而言可能还有备忘录的启示意义。

唐代历日所见礼典标注简表

卷号 / 年代	奠	社	腊	藉田	祭雨师	祭风伯	启原祭
P.3900/809					√		
P.2765/834	√	√		√	√	√	
S.1439/858	√	√		√	√	√	√
P.3284v/864	√	√		√		√	√
S.P6/877	√	√	√				
P.4627+P.4645+P.5548/895	√	√					
罗振玉残历四 /897	√				√		
P.2506v/905				√			

对农业社会而言，历日界定的时令秩序对于农业生产的指导不乏有积极意义。P.2675《唐太和八年甲

寅岁（834）历日》载："夫为历者，自故常规，诸州班（颁）下行用，克定四时，并有八节。若论种莳，约□行用，修造亦然。恐犯神祇，一一审自祥（详）察，看五姓行下。沙州水总一流，不同山川，惟须各各相劝，早农即得善熟，不怕霜冷，免有失所，即得丰熟，百姓安宁。"[1] 此件是吐蕃时期敦煌自编的本土历日，虽然从"克定四时，并有八节"的术语来看略显粗糙，但从另一方面来看，正由于是敦煌当地造历，结合了沙州山川、河水和气候的实际情况，因而更能起到不违农时、指导农业生产的作用，从而保证五谷俱熟，百姓丰衣足食。[2]

第三节　唐代历日中的朱笔标注

朱墨书写是写本时代常见的一种文献抄录形式。敦煌所出唐代历日也不例外，通常历序和正文用墨书

[1] 上海古籍出版社、法国国家图书馆编:《法藏敦煌西域文献》第 18 册，上海古籍出版社，2001，第 129 页;《敦煌天文历法文献辑校》，第 140 页。

[2] 谭蝉雪:《敦煌岁时文化导论》，新文丰出版公司，1998，第 357—358 页。

写成，而穿插在正文中的一些历注，往往用朱笔书写，意在起到警示和标识的作用。比如前面提到的藉田、奠、风伯、雨师、春秋二社、腊等传统祭礼，即有朱笔标识。宋太宗雍熙元年（984），王延德出使高昌，得知高昌“用开元七年历，以三月九日为寒食，余二社、冬至亦然”[1]。这说明开元七年（719）历日中即有“寒食”、“冬至”、春社、秋社等节日的标注，不排除用朱笔书写的可能。若以敦煌具注历日为据，可知朱笔标注者还有蜜日、昼夜漏刻、二十八宿、人神和日游等信息。

“蜜”日的标注，最早见于吐蕃时期。P.2797v《唐太和三年己酉岁（829）历日》十二月一日丙午水破，注有“温漠（没）[斯]”，[2] 根据七曜的排列顺序（蜜、莫、云汉、嘀、温没斯、那颉、鸡缓），可推知十二月四日己酉土收为“蜜”日。P.2765《唐太和八年甲寅岁（834）历日》正月一日壬子木开，其下标注“嘀”

[1] 〔元〕脱脱等撰：《宋史》卷490《外国六·高昌》，中华书局，1977，第14111页。

[2] 《法藏敦煌西域文献》第18册，第260页。

字，[1]可推知正月五日丙辰土满为“蜜”日；同年的另一件印本历日残片（Д x.2880）中，五月廿五日和六月三日均注有“蜜”字，[2]这是现知最早明确标注“蜜”字的一件历日。归义军时期，敦煌发现的3O多件《具注历》中，其中20件都有“蜜”字注记，又P.3054 piece 1《唐乾符三年丙申岁（876）具注历日》、[3]S.2404《后唐同光二年甲申岁（924）具注历日并序》分别提到“太阴日受岁”“今年莫日受岁”，表明这两件历日的正月朔日均为“莫日”，即星期一，由此可知正月七日为“蜜日”。此外，敦煌所出北宋淳化四年癸巳岁（993）的简编历日（P.3507）中，还有“[正月]四日蜜”“[二月]三日蜜”的记载。[4]显而易见，这是“七曜直日”乃至“蜜”日标注的另一种方式，较为客观地反映了七曜宜忌在晚唐五代宋初敦煌地区普遍流行的事实。[5]

---

[1]《法藏敦煌西域文献》第18册，第129页。

[2] 邓文宽:《敦煌三篇具注历日佚文校考》,《敦煌研究》2000年第3期。

[3]《两篇敦煌具注历日残文新考》,《敦煌吐鲁番研究》第13卷，第197—201页。

[4]《法藏敦煌西域文献》第24册，第382页。

[5] 赵贞:《〈宿曜经〉所见“七曜占”考论》,《人类学研究》第8卷，浙江大学出版社，2016，第282—309页，收入氏著《敦煌文献与唐代社会文化研究》，北京师范大学出版社，2017，第293—323页。

漏刻的标注。现知敦煌所出唐代历日中保存昼夜漏刻信息的仅有 BD16365《唐乾符四年丁酉岁（877）具注历日》和 P.4996+P.3476《唐景福二年癸丑岁（893）具注历日》两件。但借助五代宋初的历日文献 S.2404、S.276、P.2591、S.681v+Дx.1454v+Дx.2418v、S.1473+S.11427v、P.3403、S.3985 + P.2705、P.3507、S.5919、WA37—9（日本国会图书馆藏），可知敦煌具注历日中，漏刻标注呈现的是昼夜百刻制。其中有关“二分二至”的漏刻标注，始终没有出现在相应的节气（春分、秋分、冬至、夏至）日期上，这主要表现在具注历日对昼漏 50 刻的标注往往要比春分、秋分节气晚 1—3 日，而夏至昼漏 60 刻和冬至昼漏 40 刻的标注又提前了 3—4 日。另外，在具注历日所见一年的昼夜长短变化中，多数情况是每 8 日昼夜时长增减 1 刻。较为特殊的是，春分、秋分前后，昼夜长短变化中每增减 1 刻通常需要的时间是 7 日。相比之下，冬至、夏至前后漏刻增减的时间要稍长一些。具体来说，“二至”前昼夜时长增减 1 刻需要的时间是 12 日，“二至”后昼夜长短增减 1 刻需要的时间是 18—19 日。若与春分、秋分“加减速，用日少”的特点相比，大体比较符合《唐六典》“二至前后加减迟，用日多”的描述。[1]

二十八宿注历。BD16365《唐乾符四年丁酉岁（877）具注历日》中A、B两片均有二十八宿的标注。如A片注有“壁、奎、娄、胃、昴”五宿，B片注有“参、井、鬼、柳、星、张、翼”七宿，且均为朱笔。我们知道，传世历书中的二十八宿注历，最早见于《大宋宝祐四年丙辰岁（1256）会天万年具注历》，此历系太史局保章正荆执礼主持修造的官颁历日。从岁首正月一日癸巳水［平］注“柳”，至岁末十二月二十九日丙戌土收注“室”，全年的二十八宿注历十分连续完整，中间没有任何遗漏。[2] 在出土历日文献中，以俄藏黑水城文书TK297最具代表性，该件一度被认为是二十八宿连续注历的最早历日实物；邓文宽先生考证为《宋淳熙九年壬寅岁（1182）具注历日》，并指出自1182年至20世纪末的1998年，中国传统历日以二十八宿注

---

[1] 赵贞：《敦煌具注历日中的漏刻标注探研》，《敦煌学辑刊》2017年第3期。

[2] 〔宋〕荆执礼等编：《宝祐四年会天历》，〔清〕阮元辑：《宛委别藏》第68册，江苏古籍出版社，1988，第1—54页。

历是长期连续进行的，也未发生过错误[1]。以后，法国学者华澜又据 S.2404 中出现的“虚”“室”二宿，将二十八宿注历的时代提前至后唐同光二年（924）[2]。考虑到 S.2404《具注历日》仅存正月一至四日，其下星宿标注是否连续不得而知。相比之下，BD16365 中 A、B 两片的二十八宿是连续标注的，至少从现存文字来看中间没有任何遗漏。因此，就历注而言，BD16365 是敦煌写本中唯一连续标注二十八宿的具注历日，也是出土文献中二十八宿连续注历的最早历日实物。

人神和日游的标注。《唐六典》卷 14《太卜署》载：“历注之用六：一曰大会，二曰小会，三曰杂会，四曰岁会，五曰除建，六曰人神。”[3] 可见“人神”是历注中必不可少的重要内容。在敦煌所出具注历日中，BD16365、P.2765、S.2404、S.276、P.4996、P.3403、P.2591、

---

[1] 邓文宽：《传统历书以二十八宿注历的连续性》，《历史研究》2000 年第 6 期。

[2] 〔法〕华澜：《简论中国古代历日中的廿八宿注历》，《敦煌吐鲁番研究》第 7 卷，中华书局，2004，第 413—414 页；〔法〕华澜著，李国强译：《敦煌历日探研》，中国文物研究所编：《出土文献研究》第 7 辑，上海古籍出版社，2005，第 214 页。

[3] 《唐六典》卷 14《太卜署》，第 413 页。

P.2973B、P.2623、P.2705等卷中均有每日人神所在位置的标注，而且各月的“人神”题名均为朱笔。从目前的材料来看，人神位置的移动固然有行年、十二部、十干、十二支、十二时和逐日的不同标准，[1]但在中国古代历日中标注的始终是从一日至三十日的“逐日人神所在”系统。比如传世本《大明成化十五年岁次己亥（1479）大统历》“诸日人神所在不宜针灸”条：

一日在足大指，二日在外踝，三日在股内，四日在腰，五日在口，六日在手，七日在内踝，八日在腕，九日在尻，十日在腰背，十一日在鼻柱，十二日在发际，十三日在牙齿，十四日在胃脘，十五日在遍身，十六日在胸，十七日在气冲，十八日在股内，十九日在足，二十日在内踝，二十一日在手小指，二十二日在外踝，二十三日

[1] 人神所在位置的不同分类，唐代的医书如《千金翼方》《外台秘要》等均有记载。《外台秘要》卷39《年神旁通并杂忌旁通法》著录了“推行年人神法”“推十二部人神所在法”“日忌法”“十干人神所在法”“十二支人神所在法”“十二时人神所在法”“十二祇人神所在法”等多种系统。参见〔唐〕王焘撰，高文铸校注：《外台秘要方校注》，学苑出版社，2011，第1417—1421页。

> 在肝及足，二十四日在手阳明，二十五日在足阳明，二十六日在胸，二十七日在膝，二十八日在阴，二十九日在膝胫，三十日在足趺。[1]

以上诸日人神所在位置，敦煌具注历日（S.95、S.612、P.2765、P.3247v）的描述大体相同。稍有差异者，八日“在脘”，敦煌本作“长腕”；十四日在“胃脘”，敦煌本作“胃管”[2]。而传世本《大宋宝祐四年丙辰岁（1256）会天万年具注历》中的人神标注与敦煌本完全相同。由此看来，不论是敦煌具注历日，还是传世本历书，都采用了从一日至三十日的“人神”标注模式。P.2675《新集备急灸经一卷》称：“今略诸家灸法，用济不愈，兼及年、月、日等人神，并诸家杂忌，用之请审详，神验无比。”[3] S.5737《灸经明堂》云：“凡灸刺伤人神，令人阴阳结绝□死。众人不知月晦朔、日蚀、土黄天□人神，阴阳经络脉绝不

[1] 北京图书馆出版社古籍影印室编：《国家图书馆藏明代大统历日汇编》第1册，北京图书馆出版社，2007，第381—382页。

[2] 《敦煌天文历法文献辑校》附录九《逐日人神所在表》，第744页。

[3] 《法藏敦煌西域文献》第17册，第196—197页；马继兴辑校：《敦煌医药文献辑校》，江苏古籍出版社，1998，第513—528页。

通。”[1] 由此可见，“人神”作为灸经术语，其所在位置不可针灸出血，具注历日中的人神标注实为针灸禁忌。

日游标注的吉凶宜忌意义，S.P6 从日游神“在内”和“出外”两方面作了区分。即日游在内期间，不得在所处方位“安床、立帐、生产并修造”；日游在外时，不可在其游历方位“出行、起土、移徙、修造”。王焘《外台秘要方校注》云：“右日游在内，产妇宜在外，别于月空处安帐产，吉。……右日游在外，宜在内产，吉。凡日游所在内外方，不可向之产，凶。”[2] 可见，在医家眼中，不论是日游在内或是日游在外，其所在方位都不宜安床帐生产。又前举 P.3403、S.3985+P.2705《具注历日》云：“右件人神所在之处，不可针灸出血。日游在内，产妇不宜屋内安产帐及扫舍，皆凶。”[3] 传世本《大明成化十五年岁次己亥（1479）大统历》也说：“日游神所在之方，不宜安产室、扫舍宇、设床帐。”[4] 重申的仍是妇女生产中安床设帐的禁忌。如果说“人

[1] 《敦煌医药文献辑校》，第 529—532 页。

[2] 《外台秘要方校注》，第 1210 页。

[3] 《敦煌天文历法文献辑校》，第 641 页、第 660 页。

[4] 《国家图书馆藏明代大统历日汇编》第 1 册，第 381 页。

神”的排列旨在说明“所在不宜针灸”的话，那么“日游”的标注显然是在强调妇女生产的宜忌。因此可以说，“人神”和“日游”的标注，反映了妇女生产和针灸刺血等医学宜忌，[1] 从中不难看出中古医疗文化及医学知识向具注历日渗透的若干痕迹。

第四节　唐代历日的宜忌选择

在社会实践和应用层面，无论是官方还是民间，历日提供的都是社会生活中“检定吉凶”和选择宜忌的诸多指南。毕竟历日对时间属性的界定，既有来自干支、五行、建除十二客等要素的组合，还有来自诸多年神、月神、日神的种种限制。尤其是日神的渗透，使得干支纪日呈现出礼俗文化信仰的意义，进而对人们的立身行事和社会生活有所规范和制约。

就择吉而言，历日的吉凶宜忌在不同的时间系统下呈现出明显的差异。比如在干支系统中，甲不开仓，乙不栽种，丙不修灶，丁不剃头，戊不受田，己不破券，

[1] 〔法〕华澜：《9至10世纪敦煌历日中的选择术与医学活动》，《敦煌吐鲁番研究》第9卷，中华书局，2006，第425—448页。

庚不经络，辛不作酱，壬不决水，癸不讼狱。子日不卜问，丑日不买牛，寅日不祭祀，卯日不穿井，辰日不哭泣，巳日不迎妇，午日不盖屋，未日不服药，申日不裁衣，酉日不会客，戌日不养犬，亥日不育猪及罚罪人。[1] 其中“辰不哭泣”，贞观六年（632）就有一则典型事例：这年四月辛卯，襄州都督邹襄公张公谨卒。翌日壬辰，太宗“出次发哀”，有司以“辰日忌哭”阻拦，太宗说：“君之于臣，犹父子也，情发于衷，安避辰日！”遂恸哭举哀。元人胡三省解释说：“彭祖百忌，辰不哭泣。”[2] 由此来看，敦煌所出唐代历日中的时日宜忌与中原流行的阴阳“拘忌”不谋而合，呈现出共通性的特征。

历日对建除十二客的宜忌事项也有规定。具体来说，建日宜入学，不开仓。除日宜针灸，不出血。满日宜纳财，不服药。平日宜上官，不修渠。定日宜作券，不诉讼。执日宜求债，不伐废。破日宜治病，不求师。危日宜安床，不远行。成日宜纳礼，不拜官。收日宜

[1] 郝春文编著：《英藏敦煌社会历史文献释录》第 7 卷，社会科学文献出版社，2010，第 38—39 页。

[2] 《资治通鉴》卷 194 太宗贞观六年（632）四月条，第 6096 页。

纳财，不安葬。开日宜治目，不塞穴。闭日宜塞穴，不治目。

历日中还有蜜、上弦、下弦、望、初伏、中伏、后伏、没日、灭日等标注，这些时日连同节气、物候、卦气、朔晦一道建构了唐朝的时间秩序。但与此同时它们被赋予了特别的择吉文化意义。如蜜日不吊死问病，朔日不会客及歌乐，晦日不裁衣及动乐，弦、望日不合酒酢及煞生，灭、没日不涉深水及行船，等等。

相比之下，历日的择吉避凶在很大程度上由“日神”的属性所决定。在敦煌所出唐代具注历中，常见的“日神”有50多种。如天恩、天赦、母仓、天门、天尸、天破、天李、地李、天罡、河魁、地囊、往亡、归忌、血忌、章光、九丑、九焦、九坎、八魁、复日、七鸟、八龙、月虚、阴煞、大败、反击等。这些名目繁多、职司各异的日神对干支纪日的性质作了区分，由此衍生出时日的吉凶宜忌特征。大略言之，天恩为皇天施恩吉日，宜施恩赏、布政事；天赦为皇天赦宥吉日，宜缓刑狱、雪冤枉、施恩惠；母仓宜养育群畜、栽植种莳；章光、天门、天尸、天破日不出师；天李、地李日不祭祀及入官论理；魁、罡日不举百事；地囊日不动土、不杀生；往亡日不远行及归家、掘墓、移徙；血忌日不煞生祭神及针灸出血；归忌日不归家及招女呼妇；月虚日不煞生祭神；九丑日不出军；九焦、九坎日不种莳及盖屋；八魁日不开墓；复日不为凶事；七鸟、八龙日不可迎婚嫁娶；阴煞、大败日不出兵战斗；反击日不攻伐等。[1] 在这些神煞中，历日标注最为频繁的有天罡、河魁、往亡和地囊。唐代道士桑道茂说："天罡、河魁者，月内凶神也，所值之日百事宜避。" S.1473 + S.11427《宋太平兴国七年壬午岁（982）具注历日》载："今年二月天罡，八月河魁，魁、罡之月切不得修造动土，大凶。" 此件虽为宋历，但魁、罡忌修造之说实已见于唐代。建中元年（780）九月，将作奏宣政殿廊坏，因十月魁冈，暂时未可修补。德宗反驳说："但不妨公害人，则吉矣。安问时日！" 诏命有司即刻修葺。胡三省注曰："阴阳家拘忌，有天冈、河魁。凡魁冈之月及所系之地，忌修造。"[2] 魁、冈（罡）之月忌修造，自然也在"不举百事"之列。

---

[1] 邓文宽：《敦煌具注历日选择神煞释证》，《敦煌吐鲁番研究》第 8 卷，中华书局，2005，第 167—206 页。

[2] 《资治通鉴》卷 226 德宗建中元年（780）九月条，第 7289 页。

历注中“往亡”不远行及归家，这是人们日常生活的禁忌。但在军事及兵法中，“往亡”则意味着“不利行师”“不可出军”。东晋义熙六年（410）二月丁亥，“刘裕悉众攻城”，有将士劝说“今日往亡，不利行师”。刘裕却说“我往彼亡，何为不利”，命四面围攻，一举攻陷城池。[1] 无独有偶，唐元和十二年（817）九月，李愬将攻蔡州吴房，诸将曰“今日往亡”，李愬反驳说：“吾兵少，不足战，宜出其不意。彼以往亡不吾虞，正可击也。”遂发兵前往，克其外城，斩首千余级。[2] 北宋兵法著作《武经总要》载：“凡往亡及日月蚀，并不可出军，归忌亦不宜用。”可知“往亡”出军确为兵法大忌，但刘裕、李愬反其道而行，出其不意，进而取得胜利，这说明行军出师当以时机、士气为先，绝不能拘泥于阴阳俗忌而延误战机。

地囊作为日神，旨在强调不宜动土。P.2765《唐大和八年（834）历日》二月二日癸未木定、三月三日甲寅水开均注“不煞生，地囊”，说明地囊也不宜煞生。其排列规则，S.P6《唐乾符四年（877）具注历日》“推

[1] 《资治通鉴》卷 115 安帝义熙六年（410）二月条，第 3626 页。
[2] 《资治通鉴》卷 240 宪宗元和十二年（817）九月条，第 7739 页。

地囊法”曰:“正月壬子壬午，二月癸未癸酉，三月甲子甲寅，四月己卯己丑，五月戊午戊辰，六月己巳己未，七月丙申丙寅，八月丁卯丁巳，九月戊午戊辰，十月庚戌庚午，十一月辛未辛酉，十二月乙未乙酉。”[1]既然地囊在一年十二月都有分布，可知各月均有不宜动土之日。P.2615《诸杂推五姓阴阳等宅图经》有“推宅内土公、伏龙、飞廉、地囊日法”，其中提到“右已前土公、伏龙、飞廉、地囊所在之处，不得动土修造，切忌，慎之”。[2] 历日中还有太岁、将军、土公、日游等神煞对动土修造的日辰与方位作了专门规定。比如太岁、将军同游日，不宜修造，犯之凶；又如土公，“本位恒在中庭，每有游日之方，不得动土，犯之凶”[3]。还有日游，“从己酉日出外卌四日，所在不可于其方出行、起土、移徙、修造，忌吉”[4]。概言之，太岁、将军、土公、日游、伏龙、地囊诸神所在之处，或所

[1] 《英藏敦煌文献》第 14 卷，第 244 页。
[2] 关长龙:《敦煌本堪舆文书研究》，中华书局，2013，第 307 页。
[3] S.2404《后唐同光二年甲申岁（924）具注历日》，郝春文编著:《英藏敦煌社会历史文献释录》第 13 卷，社会科学文献出版社，2015，第 25 页。
[4] 《英藏敦煌文献》第 14 卷，第 246 页。

游之日，不得动土修造。

对于日常生活中的具体事项，历日也有择吉的时日界定。比如身体关照中的洗头，S.P6《乾符四年丁酉岁（877）具注历日》“洗头日”条载：“（每月）三日八日富贵，九日加官，十日招财，十一十二日□明，十五廿日大吉，廿四日招财，廿六日有游食，已上日吉，余日凶。”[1] 又如农事活动中的种莳，S.P6中“五姓种莳日”条曰：“禾，用巳、酉、丑日吉；麦，用卯、亥日大吉；豆，用子、寅、丑日吉；糜，卯日、戌日吉；乔，申、酉日吉；稻，未日、午日吉；葱韭芪茄，用寅、卯日大吉。”[2] 其他如祭祀、出行、针灸等活动，历日都有宜忌选择的描述。

需要注意的是，历日对修造吉日的描述，往往与“五姓”学说联系起来。S.P6《乾符四年丁酉岁（877）具注历日》“五姓修造日”条有详细描述：

> 修宅，用甲子、乙丑、甲午、戊申，吉；起土，甲子、己卯、天恩、母仓，大吉；移徙，用甲子、

[1]《英藏敦煌文献》第14卷，第244页。

[2]《英藏敦煌文献》第14卷，第246页。

乙丑、丁卯、壬辰；修门，甲子、甲午、壬午、癸巳；修井，甲子、甲午、庚午、乙巳；灶，乙亥、乙酉、庚子、甲午；碓硙，甲子、甲戌、丙子、丙申；修厕，丙子、壬子、己卯、丁卯；扫舍，壬午、丙子、天赦，大吉；上梁，甲子、甲午、己巳、壬子；破拆，辛巳、壬辰、辛卯、癸未；杂修，甲子、乙巳、辛卯、己卯。[1]

以上有关修造的吉日，P.2615《诸杂推五姓阴阳等宅图经》"五姓杂修造日法"条也有类似的表述，[2] 只不过稍显简略，其中也有若干差异。相比之下，S.P6似在强调甲子日在大多数情况下都比较适合修造事宜。不难看出，修造活动的吉凶选择还要考虑"五姓"的因素。所谓"五姓"，是基于阴阳五行来判断吉凶的

[1]《英藏敦煌文献》第14卷，第246页。

[2] P.2615"五姓杂修造日法"条："修宅，甲子、甲午日；起土，天恩、母仓日；移徙，乙丑、壬辰日；修门，甲子、甲午日；修井，甲子、乙巳日；作厕，丙子、丁卯日；修灶，乙亥、乙酉日；修碓硙，甲子、甲戌日；扫舍，壬午、天赦日吉；上梁，己上（卯）、己巳日吉；破拆，辛未、辛卯日。杂修，甲子、乙丑。右前件修造日，审看之，为得天赦日总吉，次得天恩、母仓日亦吉。"参见《敦煌本堪舆文书研究》，第303—304页。

基础原理，将人之姓氏尽归于宫商角徵羽五音分类，并以此来规范婚丧嫁娶等日常生活。[1]与五音密切相关的“五姓”原本在风水术或《宅经》中有所应用，但后来被广泛运用到日常生活的其他领域中，以至于在具注历日中也有“五姓”的渗透。比如S.P6中的“五姓种莳法”，S.612中的“五姓祭祀神在吉日”，即属此类。但与种莳、祭祀相比，“五姓”用于修造活动更为常见。这在S.P6、S.2404、S.681、S.1473、P.3403等历日所见“推五姓利年月法”中均有反映。其中尤以S.P6最具代表性，比如“推丁酉年五姓起造图”条载：

> 今年宫羽得大利，起造拾财益人口；商姓小利，年起造亦吉；徵姓起造害财；角姓切忌修造，凶。宫徵羽三月九月墓，凶吉□不用；商角姓六月十二月墓。[2]

---

[1]〔法〕茅甘：《敦煌写本中的“五姓堪舆法”》，《法国学者敦煌学论文选萃》，中华书局，1993，第249—256页；〔日〕高田时雄著，钟翀等译：《五姓说之敦煌资料》，《敦煌·民族·语言》，中华书局，2005，第328—358页。

[2]《英藏敦煌文献》第14卷，第245页。

不难看出，五姓中宫、商、羽三姓当年“起造”俱为吉利，而徵、角二姓则不宜修造。为进一步说明五姓宅的方位布局，历日还有“五姓安置门户井灶图”，对宫、商、角、徵、羽五姓宅第的庭院布局作了总体概括，并以当年修造“得大利”“拾财益人口”的宫姓为例，附有《宫姓宅图》，形象地描绘出宫姓人家中大门、便门、厨、佛堂、仓库、井、碓硙、厕、马坊、鸡栖、羊［圈］、猪［栏］等屋舍安置的具体方位。如大门在南方丁位，仓库在西方辛位，猪栏在北方亥位，羊圈在北方癸位，这些布局大体与“五姓安置门户井灶图”相一致。考虑到 P.2615《宅经》中的“五姓安佛堂地法”“五姓安井吉地”“五姓安楼台地”“五姓安场地法”“宫姓人宅图”“宫家宅图”“五姓安门开户法图”“五姓开井图”等条目，可知历日中的五姓修造元素显然是编者为满足日常生活中民众的“起造”与择居需要，进而对《宅经》文献进行加工、改造与吸收的客观产物，这在一定程度上也反映了《宅经》向具注历日渗透的必然趋势。

五姓安置门户井灶图（S.P6）

五姓	大门	便门	井	灶	佛堂	硙	仓	厕	马	牛	羊	猪
宫	丁	庚	巳	酉	酉	甲	辛	亥	巳	癸	癸	亥
商	庚	乙	巳	子	酉	甲	辛	壬	午	申	癸	亥
角	丙	甲	辰	子	酉	寅	申	壬	丁	庚	癸	口
徵	丁	甲	酉	辰	丑	庚	辛	亥	申	申	癸	口
羽	甲	庚	丙	子	酉	寅	申	壬	申	子	癸	子

第五节　唐代历日中的阴阳杂占

唐代历日中还渗透着许多阴阳推占方面的社会民俗文化内容。《唐六典·太卜署》载："凡阴阳杂占，吉凶悔吝，其类有九，决万民之犹豫：一曰嫁娶，二曰生产，三曰历注，四曰屋宅，五曰禄命，六曰拜官，七曰祠祭，八曰发病，九曰殡葬。"[1] 这说明凡有关婚娶、丧葬、发病、镇宅等事项的推占，俱属"阴阳杂占"之列，它们在具注历中多有渗透。比如以"婚娶"为例，S.P6《乾符四年丁酉岁（877）具注历日》绘有"周堂用日图"，题曰："凡大月从妇顺数，小月从夫逆行，

---

[1] 《唐六典》卷14《太卜署》，第413页。

值堂厨灶，余者皆不吉。”[1]唐代的诸多占婚嫁方式中，[2]周堂用日应是一种简单易行的婚嫁选择方法，所以才被编入历日中，流传很广，至元代时已更名为“婚嫁周堂”，元代的民用百科全书《事林广记》、民间通书以及吐鲁番发现的蒙古文《授时历》残页中都有“婚嫁周堂图”。[3]明代《大统历日》、《大清时宪书》及《协纪辩方书》也绘有“嫁娶周堂图”，图文并茂，题文曰：“凡选择嫁娶日，大月从夫顺数，小月从妇逆数，择第堂厨灶日用之。如遇翁姑，而无翁姑者，亦可用。”[4]与唐代的周堂用日图相比，嫁娶周堂图中夫妇的位置与顺序发生了变化，但共同点是遇到厨、灶、第为吉，而遇到翁、姑、夫、妇为凶，由此不难看出唐代历日

[1] 《英藏敦煌文献》第14卷，第246页。

[2] 黄正建：《敦煌占婚嫁文书与唐五代的占婚嫁》，项楚、郑阿财主编：《新世纪敦煌学论集》，巴蜀书社，2003，第274—293页；收入《敦煌占卜文书与唐五代占卜研究》增订版，中国社会科学出版社，2014，第227—246页。

[3] 何启龙：《〈授时历〉具注历日原貌考：以吐鲁番、黑城出土元代蒙古文〈授时历〉译本残页为中心》，《敦煌吐鲁番研究》第13卷，上海古籍出版社，2013，第263—289页。

[4] 《国家图书馆藏明代大统历日汇编》第1册，第383页；〔清〕缪之晋辑：《大清时宪书笺释》，《续修四库全书》第1040册《子部·天文算法类》，上海古籍出版社，2002，第657—706页。

对后世历书的深刻影响。

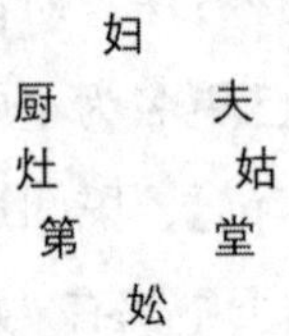

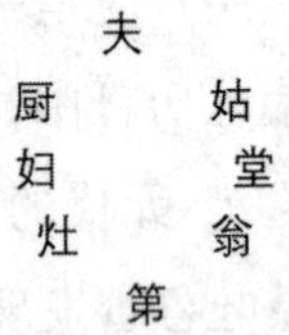

S.P6 中的周堂用日图		《大统历》中的嫁娶周堂图	
妇		夫	
厨	夫	厨	姑
灶	姑	妇	堂
第	堂	灶	翁
妐		第	

S.P6 中的周堂用日图　　　　《大统历》中的嫁娶周堂图

又如禄命，S.P10《唐中和二年(882)剑南西川成都府樊赏家印本历日》题有“推男女九曜星图”。S.P6《乾符四年丁酉岁（877）具注历日》杂有“推男女小运行年灾厄法”“推游年八卦法”“九宫八□□立成法”“六十甲子宫宿法”。或可参照的是，S.612《宋太平兴国三年戊寅岁（978）应天具注历日》抄有“九曜歌咏法”“推小运知男女灾厄吉凶法”“六十相属宫宿法”等，其禄命推占实际上与唐代历日 S.P10、S.P6 若相契合，大致都是通过九宫方位、游年八卦、九曜行年等方式进行运命吉凶的推占，这在敦煌禄命类文书(如 P.3779、S.5772 等)中有生动反映。

至于历日(S.P6)中蕴含的其他杂占元素，如五姓修造、十干推病、周公五鼓、周公八天出行以及镇宅符等，也多与敦煌所出《宅经》、《发病书》、失物占、出行占等术数文献相参照。这说明具注历日渗透的“阴阳杂占”内容，应是编者结合民众的社会生活实际，进而对中古时期的阴阳术数文献进行采摘、撷取和加工的最终结果，并通过历日体现的时间秩序，对人们的日常生活和各种活动（如公务、医疗、农事、丧葬）施加影响，从而达到“决万民之犹豫”的效果。因此，从某种程度上，具注历日所呈现的丰富多彩的社会文化具有中古社会“百科全书”的象征意义。

《傅与砺文集》卷7《书邓敬渊所藏大明历后》载：“右邓君敬渊所藏至元十四年丁丑岁大明具注历一本，盖国朝混一天下始颁正朔之制也。其十二月下所注与今授时历小异而加详焉。……若八门占雷、五鼓卜盗、十干推病、八卦勘婚，凡以使民勤事力业趋吉避凶者，亦莫不备至。”[1]在这部体现元授时历法的具注历中，凡有关民众生产生活及“趋吉避凶”的内容，莫不记载。其中“八门占雷、五鼓卜盗、十干推病、八卦勘婚”，也见于S.P6《乾符四年丁酉岁（877）具注历日》“内行图，外占雷”“周公五鼓逐[失物法]”“推十干得病

[1]《北京图书馆古籍珍本丛刊》第92册，书目文献出版社，1991年影印本，第721页。

日法”和“吕才嫁娶□□图”条中，且图文并茂，由此不难看出中晚唐历日对后世历书的深刻影响。晚唐五代，民间私造、印历之风屡禁不止，在很大程度上应与私家历日普遍渗透的“趋吉避凶”“阴阳杂占”内容有很大关系。

敦煌吐鲁番出土唐代历日统计表

序号	卷号 / 编号	历日	收录 / 出处
1	86TAM387:38–4	《高昌延寿七年庚寅岁（630）历日》[1]	《西域研究》/1993（2）；《新出吐鲁番文书及其研究》/339—354
2	73TAM210:137/1，137/3，137/2	《唐显庆三年（658）历日》	《吐鲁番出土文书》6 册 /73—76
3	73TAM507:013/4–1，4–2，4–3，4–4	《唐仪凤四年己卯岁（679）历日》	《吐鲁番出土文书》5 册 / 231—235
4	2005TST1，T2，T3，T4，T5，T6，T7，T9，T10，T11，T12	《唐永淳二年癸未岁（683）历日》	《新获吐鲁番出土文献》/259—260；《敦煌吐鲁番研究》10 卷 /207—220
5	2005TST13，T14，T8，T26	《唐永淳三年甲申岁（684）历日》	《新获吐鲁番出土文献》/261—263；《敦煌吐鲁番研究》10 卷 /207—220
6	65TAM341:27	《唐开元八年庚申岁（720）历日》	《吐鲁番出土文书》8 册 /130—131
7	Ch.87 Ⅲ（2）	《唐元和三年戊子岁（808）历日》	《敦煌天文历法文献辑校》/111—112

[1] 唐朝领有高昌（西州）始于贞观十四年（640），因此严格来说，《高昌延寿七年庚寅岁（630）历日》并非唐历。

续表

序号	卷号 / 编号	历日	收录 / 出处
8	P.3900v	《唐元和四年己丑岁（809）历日》	《法藏敦煌西域文献》29 册 /134—135；《敦煌天文历法文献辑校》/114—121
9	S.3824	《唐元和十四年（819）历日》	《英藏敦煌文献》5 卷 /159—160；《敦煌天文历法文献辑校》/124—125
10	P.2583	《唐长庆元年辛丑岁（821）历日》	《法藏敦煌西域文献》16 册 /116；《敦煌天文历法文献辑校》/128—131
11	P.2797v	《唐大和三年己酉岁（829）历日》	《法藏敦煌西域文献》18 册 /260；《敦煌天文历法文献辑校》/135—137
12	P.2765	《唐大和八年甲寅岁（834）历日》	《法藏敦煌西域文献》18 册 /129—131；《敦煌天文历法文献辑校》/140—153
13	Д x.2880	《唐大和八年甲寅岁（834）历日》	《俄藏敦煌文献》10 册 /109;《敦煌研究》/2000(3)
14	S.1439v	《唐大中十二年戊寅岁（858）具注历日》	《英藏敦煌文献》3 卷 /24—28；《英藏敦煌社会历史文献释录》7 卷 /188—200
15	P.3284v	《唐咸通五年甲申岁（864）具注历日》	《法藏敦煌西域文献》23 册 /50—54 页；《敦煌天文历法文献辑校》/180—191

续表

序号	卷号 / 编号	历日	收录 / 出处
16	P.3054 piece 1	《唐乾符三年丙申岁（876）具注历日》	《法藏敦煌西域文献》21册 /191 页；《敦煌天文历法文献辑校》/668；《敦煌吐鲁番研究》13 卷 /197—201
17	S.P6	《唐乾符四年丁酉岁（877）具注历日》	《英藏敦煌文献》14 卷 /244—246;《敦煌天文历法文献辑校》/198—231
18	BD16365	《唐乾符四年丁酉岁（877）具注历日》	《国家图书馆藏敦煌遗书》146 册 /117；《敦煌吐鲁番研究》13 卷 /197—201
19	S.P12	《上都东市大刀家印具注历日》	《英藏敦煌文献》14 卷 /252;《敦煌研究》2015（3）
20	S.P10	《唐中和二年（882）剑南西川成都樊赏家印本历日》	《英藏敦煌文献》14 卷 /249；《敦煌天文历法文献辑校》232
21	P.3492	《唐光启四年戊申岁（888）具注历日》	《法藏敦煌西域文献》24 册 /342—343；《敦煌天文历法文献辑校》/234—240
22	罗振玉旧藏残历三	《唐大顺元年庚戌岁（890）具注历日》	《贞松堂藏西陲秘籍丛残》/371；《敦煌天文历法文献辑校》/243
23	P.2832v	《唐大顺二年辛亥岁（891）具注历日》	《法藏敦煌西域文献》19 册 /23；《敦煌天文历法文献辑校》/246—248

续表

序号	卷号 / 编号	历日	收录 / 出处
24	P.4983	《唐大顺三年壬子岁（892）具注历日》	《法藏敦煌西域文献》33册 /333；《敦煌天文历法文献辑校》/251—253
25	P.3476+P.4996	《唐景福二年癸丑岁（893）具注历日》	《法藏敦煌西域文献》24 册 /296—300；《敦煌天文历法文献辑校》/255—279
26	P.5548	《唐乾宁二年乙卯岁（895）具注历日》	《法藏敦煌西域文献》34 册 /230—231；《敦煌天文历法文献辑校》/284—299
27	罗振玉旧藏残历四	《唐乾宁四年丁巳岁（897）具注历日》	《敦煌石室碎金》/45—50；《敦煌天文历法文献辑校》/303—312
28	P.3248	《唐乾宁四年丁巳岁（897）具注历日》	《法藏敦煌西域文献》22册 /302；《敦煌天文历法文献辑校》/317—327
29	P.2973	《唐光化三年庚申岁（900）具注历日》	《法藏敦煌西域文献》20 册 /288—289；《敦煌天文历法文献辑校》/331—335
30	P.2506v	《唐天复五年乙丑岁（905）具注历日》	《法藏敦煌西域文献》14 册 /378—379；《敦煌天文历法文献辑校》/338—341

附录 唐代天文官员考

《唐六典·太史局》载："太史局：令二人，从五品下；……太史令掌观察天文，稽定历数。凡日月星辰之变，风云气色之异，率其属而占候焉。"[1]太史令是太史局的最高长官，其观测天象、修订历法（兼及历日修造）和漏刻计时的职责，其实就是唐官方天文活动的主要内容。乾元元年（758），太史局更名为司天台，此后，司天台作为唐代的天文管理机构一直被延续了下来。[2]在此，笔者利用传世典籍和墓志石刻，结合

[1] 《唐六典》卷10《太史局》，第302—303页。

[2] 唐前期，天文机构的设置很不稳定，屡有变革。特别是太史局的名称随着不同的帝王临朝，抑或同一帝王的不同时期往往有所调整，先后经历了太史监、太史局、秘书阁局、浑天监、浑仪监和司天台六个阶段。太史局与秘书省的隶属关系也随着天文机构名称的变易而起伏不定。

学界的相关研究，[1]试对唐代的天文官员略加梳理，以补唐史研究之缺。

1. 庾俭（太史令）

《旧唐书·傅仁均传》载："武德初，太史令庾俭、太史丞傅奕表荐之，高祖因召令改修旧历。……经数月，历成奏上，号曰《戊寅元历》，高祖善之。武德元

[1] 晁华山:《唐代天文学家瞿昙譔墓的发现》,《文物》1978 年第 10 期；陈久金:《瞿昙悉达和他的天文工作》,《自然科学史研究》1985 年第 4 期；王宝娟:《唐代的天文机构》,《中国天文学史文集》第 5 集，科学出版社，1989，第 177—187 页；江晓原:《六朝隋唐传入中土之印度天学》,《汉学研究》1992 年第 2 期；史玉民、魏则云:《中国古代天学机构沿革考略》,《安徽史学》2000 年第 4 期；史玉民:《论中国古代天学机构的基本特征》,《中国文化研究》2001 年第 4 期；荣新江:《一个入仕唐朝的波斯景教家族》,《中古中国与外来文明》，生活·读书·新知三联书店，2001，第 238—257 页；关增建:《李淳风及其〈乙巳占〉的科学贡献》,《郑州大学学报》（哲学社会科学版）2002 年第 1 期；江晓原:《中国古代天学之官营传统》,《杭州师范学院学报》2002 年第 3 期；张嘉凤:《汉唐时期的天文机构与活动、天文知识的传承与资格》,《法国汉学》第 6 辑（科技史专号），中华书局，2002，第 104—117 页；赖瑞和:《唐代的翰林待诏和司天台：关于〈李素墓志〉和〈卑失氏墓志〉的再考察》，荣新江主编:《唐研究》第 9 卷，北京大学出版社，2002，第 315—343 页；赵贞:《乾元元年（758）肃宗的天文机构改革》,《人文杂志》2007 年第 6 期；赵贞:《唐代的天文管理》,《南都学坛》2007 年第 6 期；陈晓中、张淑莉:《中国古代天文机构与天文教育》，中国科学技术出版社，2008，第 76—83 页、第 95—96 页；赵贞:《唐代的天文观测与奏报》,《社会科学战线》2009 年第 5 期。

年七月，诏颁新历，授仁均员外散骑常侍，赐物二百段。”[1] 可知武德元年（618）庾俭已为太史令。据李约瑟考证，庾俭出自天文占星世家，其远祖可上溯到南朝萧梁时代的庾曼倩，庚曼倩曾注释《七曜历术》和一些数学古籍。曼倩之子庾季才是隋代最为杰出的天文学家之一。“到唐代，这个家族最后出了一位太史令——庾俭（公元 610—630 年著称）”。[2]

2. 傅奕（太史丞、太史令）

在上引《傅仁均传》中，武德元年傅奕为太史丞。又旧书本传称，太史令庾俭“耻以数术进，乃荐奕自代，遂迁太史令。……武德三年，进《漏刻新法》，遂行于时”[3]。最迟武德三年，傅奕已任太史令职。《新唐书·宰相世袭表》傅氏条载：“傅氏出自姬姓。……十一世孙弈，唐中散大夫、太史令、泥阳县男。”[4] 这里“弈”即太史令傅奕。《资治通鉴》武德九年“太史令傅奕上疏，请废佛法”，表明当时仍在太史之位。同年六月，太

[1] 《旧唐书》卷 79《傅仁均传》，第 2710—2711 页。

[2] 《中国科学技术史》第 4 卷《天学》，第 81 页。

[3] 《旧唐书》卷 79《傅奕传》，第 2715 页。

[4] 《新唐书》卷 74 上《宰相世袭四上》，第 3154 页。

白经天，傅奕密奏“太白见秦分，秦王当有天下”，[1]引起高祖对秦王李世民的猜疑，险些累及秦王葬送性命。太宗嗣位后，傅奕继续伺察天文。贞观十三年（639）卒，年八十五。

3. 赵如意（太史兼司辰师）

《大唐故秘书省司辰师赵府君之墓志》曰：“君讳意，字如意，襄州襄阳人也。……去隋大业十一年诏授秘书省守司辰师。……又至大唐武德二年五月，诏授秘书省太史兼司辰师。……君春秋六十有一，以武德九年岁次景戌朔四月一日己未崩于雍州万年县崇义坊。”[2]司辰师，《唐六典》称：“司辰十九人，正九品下。掌漏刻事，隋置司辰二人，从第九品下；炀帝改为司辰师，……皇朝因之。久视元年除‘师’字。”[3]司辰师是负责漏刻事宜的天文官员，赵如意担任此职应在武德二年（619）五月至九年（626）四月间。

4. 薛颐（太史丞、太史令）

据旧书本传，薛颐“武德初，追直秦府”，为秦王

[1] 《资治通鉴》卷191高祖武德九年（626）条，第6009页。

[2] 《唐代墓志汇编续集》，第3—4页。

[3] 《唐六典》卷10《太史局》，第305页。

心腹亲信。曾密对秦王李世民说“德星守秦分，王当有天下，愿王自爱”，秦王遂奏授薛颐为太史丞，“累迁太史令”。[1] 贞观十五年(641)，太宗举行封禅大礼，队伍行至洛阳，有彗星出于西方，太史令薛颐谏言，“臣商天意，陛下未可东”，太宗遂罢停封禅。[2] 以后薛颐“请为道士”，太宗敕命在九嵕山建立紫府观，并在观内建置观象台，举凡“灾祥薄蚀谪见等事”，薛颐都及时奏报太宗。[3] 贞观二十年薛颐卒于紫府观。[4]

5. 王孝通(太史丞、算历博士)

《旧唐书·傅仁均传》载，武德元年傅仁均《戊寅历》颁行后，高祖敕命吏部郎中祖孝孙“考其得失”，太史丞王孝通则依据《甲辰元历》对戊寅历法进行驳难。武德九年(626)五月，《戊寅历》已颁行八年，朝廷诏令太史局历法官员给予校正和修订，王孝通即为

[1] 《旧唐书》卷 191《方伎·薛颐传》，第 5089 页。

[2] 《新唐书》卷 204《方技·薛颐传》，第 5805 页。

[3] 《旧唐书》卷 191《方伎·薛颐传》，第 5089 页。

[4] 《大唐故中大夫紫府观道士薛先生墓志铭并序》云：“爰有上德曰中大夫、紫府观道士薛先生讳颐，字远卿，黄州黄冈人也。……圣明驭历，万物惟新，授太史丞，迁太史令。……以贞观廿年十月十三日尸化于紫府之观，春秋若干。”参见《唐代墓志汇编续集》，第 35—36 页。

其中之一。此次历法检校活动中，王孝通署名“校历人算历博士”，[1] 其官衔已转为算历博士了。

6. 傅仁均（太史令）

旧书本传称，傅氏，滑州白马人，“善历算、推步之术”。武德元年受诏修订历法，即成《戊寅元历》。贞观中，仁均为太史令，至于具体时间，不详，推测应在贞观七年后。[2] 贞观十四年，李淳风在奏文中提到“故太史令傅仁均”云云，[3] 表明傅氏已不在太史之位。据此推断，仁均任太史令当在贞观七至十四年间（633—640）。

7. 李淳风（直太史、太史丞、太史令）

李淳风，歧州雍地人。自幼博涉群书，尤明天文、历算、阴阳之学。贞观七年（633）因驳仁均历法而受朝廷重视，授将仕郎、直太史局，同年铸成浑天黄道仪。

---

[1] 《旧唐书》卷 32《历志一》，第 1168 页。

[2] 《旧唐书》卷 79《傅仁均传》载，贞观初，“李淳风复驳仁均历十有八事，……仁均后除太史令，卒官”。（第 2714 页）又《李淳风传》称：“贞观初，以驳傅仁均历议，多所折衷，授将仕郎，直太史局。”（第 2717 页）表明傅仁均任太史令实在李淳风“直太史”之后。《旧唐书》卷 3《太宗纪下》载，贞观七年，“直太史、将仕郎李淳风铸浑天黄道仪”（第 43 页），由此推测，傅仁均任太史令应在贞观七年后。

[3] 《新唐书》卷 25《历志一》，第 533 页。

十五年任太常卿，寻转太史丞，参与《晋书》及《五代史》的修撰工作，“其天文、律历、五行志皆淳风所作也”。二十二年迁为太史令。龙朔二年（662）改授秘阁郎中，“咸亨初，官名复旧，还为太史令”，[1] 后卒官，春秋六十有九。淳风一生著述甚丰，除传世的星占著作《乙巳占》外，其他如《法象志》、《典章文物志》、《秘阁录》以及《麟德历》等，皆为淳风所撰。他同时又主持了《五曹》《孙子》等算经十书的校注，因而是唐代杰出的数理天文学家。

8. 李谚（太史令）

《旧唐书·李淳风传》称，李淳风之子李谚、孙子李仙宗“并为太史令”[2]。

9. 薛弘疑（历博士）

10. 南宫子明（历博士、司历）

前已提到，武德九年朝廷组织太史局官员对《戊寅历》进行重新修订，当时薛弘疑和南宫子明以“校历人前历博士”的官衔参与其中。[3] 贞观十四年，南宫

[1] 《旧唐书》卷 79《李淳风传》，第 2718—2719 页。

[2] 《旧唐书》卷 79《李淳风传》，第 2719 页。

[3] 《旧唐书》卷 32《历志一》，第 1168 页。

子明迁为司历，他与太史令薛颐一道讨论“淳风新术”和“仁均历法”，比较两者的优劣得失。[1]

11. 使士通（司历）

贞观十八年（644），“太史丞李淳风，与司历使士通等上言……今依仁均造法，一十九年九月后，四月频大，即仁均之术，于古法有违”[2]。按司历，从九品上（乾元元年升为正八品），“掌国之历法，造历以颁于四方”，[3] 是太史局内专门负责制定历法和修造历日事务的官员。

12. 吕才（太史丞）

吕才《进大义婚书表》云：“朝请大夫权知司天少监事兼提点历书上柱国开国伯食邑九百户赐紫金鱼袋臣吕才奉敕修。”[4] 按，司天少监为司天台的副贰之职，地位仅次于司天监，置于乾元元年（758）。但吕才为太宗、高宗朝官员，贞观十五年他以太常博士的身份主持唐代阴阳书籍的整理工作，高宗“龙朔中为太子

[1] 《新唐书》卷 25《历志一》，第 536 页。

[2] 《唐会要》卷 42《历》，第 750 页。

[3] 《唐六典》卷 10《太史局》，第 303 页。

[4] 《全唐文》卷 160 吕才《进大义婚书表》，第 1635 页。

司更大夫”，麟德二年卒，故吕才“知司天少监”的任官显然不能成立。又《旧唐书·职官志》谓：“司天台，监一人，少监二人。”关于少监，其下注曰：“本曰太史丞，从七品下。乾元升为少监，与诸司少监卿同品也。”[1] 可见，太史丞和司天少监具有前后因袭的内在关系。据此推测，吕才在太宗朝曾经担任过太史丞之类的天文官员，因为太史丞是太史局的副贰之职，这与司天少监在司天台的地位颇为相似，《全唐文》的编者由于疏忽了唐代天文机构的前后变化，所以将司天少监简单地比定在吕才身上了。

13. 王思辩（太史监候）

《旧唐书·李淳风传》载：“显庆元年，复以修国史功封昌乐县男。先是，太史监候王思辩表称《五曹》、《孙子》十部算经理多踳驳。淳风复与国子监算学博士梁述、太学助教王真儒等受诏注《五曹》、《孙子》十部算经。书成，高宗令国学行用。”[2] 按，太史监候，或曰监候，唐初设置五人，从九品下，乾元元年升为正八品，“掌候天文”，负责天象的观测和记录。王思

[1] 《旧唐书》卷 43《职官志二》，第 1855 页。

[2] 《旧唐书》卷 79《李淳风传》，第 2719 页。

辩担任此职，应在显庆元年（656）左右。

14. 严善思（太史令）

《新唐书·严善思传》云：“是时李淳风死，候家皆不效，乃诏善思以著作佐郎兼太史令。”[1] 淳风卒年的时间，史书不详。旧书本传称，咸亨初，“还为太史令”，年六十九而卒。由是推测，淳风应在咸亨年间（670—674）故亡，严善思以“著作佐郎兼任太史令”当在此时。长安四年（704），善思仍在太史之位，他还通过“荧惑入月及镇星，犯天关”的天象来预测二张（张昌宗、张易之）的死亡。[2]

15. 王方大（秘阁直司）

《唐故秘阁直司登仕郎王君墓志并序》载：“君讳方大，琅耶人也。……洎乎□身秘阁，该七曜于铜仪；局影兰台，辩三光于宣夜。自家刑国，砮满□祸；资父事君，誉闻朝野。……春秋卌有九，以龙朔三年岁在癸亥八月壬午朔十一日壬辰卒于隆政坊之私馆。”[3] 按，龙朔二年（662），唐改太史局为秘阁局，长官为

[1] 《新唐书》卷204《方技·严善思传》，第5807页。

[2] 《旧唐书》卷36《天文志下》，第1322页。

[3] 《唐代墓志汇编续集》，第134页。

秘阁郎中。“秘阁直司”即言在秘阁局中任职。作为官方的天文官员，王方大任职秘阁应在龙朔二至三年（662—663）。

16. 萨守真（太史臣）

日本东方文化学院京都研究所藏《天地祥瑞志》卷1题记：“麟德三年四月日大（太）史臣萨守真上启。”[1] 可知这部唐代的天文星占著作由太史臣萨守真奉敕编撰，成书于麟德三年（666）。

17. 刘守忠（秘阁历生）

《大唐故秘阁历生刘君墓志铭并序》云：“君讳守忠，字高节，楚国彭城人也。……步七耀而测环回，究六历而稽疏密。……粤以□□（咸亨）五年七月廿一日遘疾，终于崇仁里第，春秋卅。”[2] 历生是唐代培养历法人才的后备力量，“掌习历”，主要研习历法推演及历日修造诸事宜。开元中，唐置有历生36人，另有装书历生5人。[3] 前已提到，龙朔二年太史局更

[1] 〔唐〕萨守真：《天地祥瑞志》，薄树人主编：《中国科学技术典籍通汇·天文卷》，河南教育出版社，1993，第316页。

[2] 《唐代墓志汇编》上册，第589页。

[3] 《唐六典》卷10《历生》，第303页。

名为秘阁局，长官为秘阁郎中。咸亨元年（670）十二月，高宗诏敕，“诸司及百官各复旧名”[1]，天文机构又恢复原来太史局的建制。正如《旧唐书·李淳风传》所载：“咸亨初，官名复旧，还为太史令。”[2]由此看来，刘守忠为秘阁局历生应在龙朔二年至咸亨元年间（662—670）。

18. □玄彦（历生）

19. 李玄逸（历生）

吐鲁番台藏塔新出的一件唐代历日残片（编号2005TST26）中，存有三行文字，其中第三行残存“三校”两字，前两行分别为“历生□玄彦写并校”“历生李玄逸再校”。此件时代不明。由于形制和书写较为粗糙，陈昊推测是地方转抄的历日，“历生”的相关内容应该是抄写中央颁布历日的尾题。[3]但可以肯定的是，参与历日抄写并校勘的两位历生□玄彦和李玄逸，是官方天文机构中的天文人员。

[1]《旧唐书》卷5《高宗纪下》，第95页。

[2]《旧唐书》卷79《李淳风传》，第2719页。

[3]《吐鲁番台藏塔新出唐代历日研究》，《敦煌吐鲁番研究》第10卷，第207—220页。

20. 瞿昙罗（太史令）

瞿昙罗，出自天竺“天学三家”之一的瞿昙氏。据瞿昙譔墓志记载，[1] 瞿昙氏“世为京兆人”，旅居长安已有数代。其先可考的瞿昙逸，志文称“高道不仕”，可知没有任官。逸生子罗，即高宗、武后时期太史令。其天文事迹，主要集中于《经纬历》和《光宅历》的修造上。前者大约成于龙朔、麟德之际，高宗诏与李淳风《麟德历》参行使用。后者成于圣历元年（698），不过武后没有颁行使用。[2]

21. 姚玄辩（太史令）

《旧唐书·韦万石传》载，高宗上元年间（674—676），太常少卿韦万石与太史令姚玄辩增损“郊庙乐调及燕会杂乐”[3]，为时人称道。仪凤四年（679）五月，姚玄辩奏于阳城测影台“依古法立八尺表”[4]。永隆二年（681），万年县女子刘凝静，身穿白衣，乘白马，随

[1] 晁华山：《唐代天文学家瞿昙譔墓的发现》，《文物》1978 年第 10 期；江晓原：《六朝隋唐传入中土之印度天学》，《汉学研究》1992 年第 2 期。

[2] 《新唐书》卷 26《历志二》，第 559 页。

[3] 《旧唐书》卷 77《韦万石传》，第 2672 页。

[4] 《唐会要》卷 42《测景》，第 755 页。

从男子八九十人，进入太史局，“勘问比有何灾异”。当时姚玄辩仍在太史之位，认为天文、历候为皇家天学，“非女子所当问”，故将刘凝静等人扣留下来，奏报皇帝请求发落。[1]

22. 尚献甫（太史令）

据旧书本传，尚献甫本为道士，卫州汲人。因善天文历算而被武则天召见，拜为太史令。然献甫特立独行，自由放诞，以致不能“屈事官长”。武后爱惜其才，遂于久视元年（700）诏改太史局为浑仪监，不隶秘书省，天文机构暂时独立出来。长安二年（702），“荧惑犯五诸侯”，献甫预言咎在太史。武后依据五行相胜理论，调任献甫为水衡都尉，以此来厌胜太史之灾，但都无济于事。“其秋，献甫卒”，[2] 天文机构又恢复原来太史局的建制。

23. 宋彦（检校太史令）

《大周故宋府君墓志铭》云：“君讳懿，字延嗣，广平人也。……父彦，见任朝请大夫、检校太史令。”[3]

---

[1] 《旧唐书》卷 36《天文志下》，第 1320 页。

[2] 《旧唐书》卷 191《方伎 · 尚献甫传》，第 5100—5101 页。

[3] 《唐代墓志汇编续集》，第 333 页。

大周自天授元年（690）武后享万象神宫、自称圣神皇帝开始，至神龙元年（705）中宗复唐结束，历时16年。据墓志记载，宋懿曾任大周延州参军，充燕然道中军判官，授上护军，卒于延载元年（694），其父宋彦，“见任朝请大夫、检校太史令”，为武周时期（690—705）的天文官员。按照唐代的天文建制，久视元年（700），武后改太史局为浑天监、浑仪监，长安二年（702）又为太史局。据此，宋彦任检校太史令当在690—700年或702—705年间。

24. 南宫说（太史丞、太史监）

《旧唐书·历志二》云：“中宗反正，太史丞南宫说奏：‘《麟德历》加时浸疏。又上元甲子之首，五星有入气加时，非合璧连珠之正也。’乃诏说与司历徐保乂、南宫季友，更治《乙巳元历》。”[1] 按，“中宗反正”即神龙元年（705），南宫说为太史丞，负责《乙巳元历》的修造。开元十二年（724）已为太史监，主持在全国范围内日影测量的天文活动。[2]

[1] 《旧唐书》卷33《历志二》，第1217页。

[2] 《旧唐书》卷35《天文志上》，第1304页。

25. 徐保乂（司历）

26. 南宫季友（司历）

如上所引，神龙元年南宫说主持修造《乙巳元历》，司历徐保乂和南宫季友也参与其中。景龙年间历法修成后，中宗诏令使用，是为《景龙历》。俄而睿宗即位，《景龙历》“寝废不行”[1]，不再使用。

27. 左敬节（太史丞）

《左敬节墓志》载：“大唐洛州合宫县翟泉乡章善里故朝议郎行秘书省太史丞左敬节，春秋六十有七，以神龙三年三月十八日卒于陶化坊私第，以其年四月六日殡于合宫县平乐乡之原，礼也。”[2]据此，左敬节担任太史丞应在神龙三年（707）三月以前。

28. 傅孝忠（太史令）

《旧唐书·纪处讷传》载，神龙中，太史令傅孝忠奏言：“其夜有摄提星入太微，至帝座。此则王者与大臣私相接，大臣能纳忠，故有斯应。”[3]先天二年（713）太平公主蓄意谋反，傅孝忠涉嫌其中，玄宗诏令赐死，

---

[1] 《旧唐书》卷33《历志二》，第1217页。

[2] 《唐代墓志汇编续集》，第422页。

[3] 《旧唐书》卷92《纪处讷传》，第2973页。

是时仍在太史之位。

29. 迦叶志忠（知太史事）

迦叶志忠，出自天竺“天学三家”之一的迦叶氏。神龙年间，迦叶志忠以右骁卫将军知太史事，参与部分天文事务。李约瑟曾推测迦叶志忠（708 年左右）参与军中的占星活动，[1] 很可能是根据“知太史事右骁卫将军”的官衔而得出的。[2] 景龙三年（709），迦叶志忠因罪配流柳州，是时职衔为“镇军大将军、右骁卫将军、兼知太史事”[3]。

30. 杜淹（太史令）

张鷟《太史令杜淹教男私习天文兼有元象器物被刘建告勘当并实》云：“太史令男私习天文，兼有元象器物，被刘建告，堪当并实。”[4] 由于判文的作者张鷟“生活在唐代武后、中宗、睿宗三朝和玄宗前期，以词章

---

[1] 关于迦叶氏，李约瑟评论道：“公元 665 年，迦叶孝威曾协助李淳风修《麟德历》，后来他的族人迦叶志忠（708 年左右）和更晚 80 年的迦叶济似曾参与军中的占星活动。”参见《中国科学技术史》第 4 卷《天学》，第 75—76 页。

[2] 《旧唐书》卷 92《纪处讷传》，第 2973 页。

[3] 《旧唐书》卷 7《中宗纪》，第 147 页。

[4] 《全唐文》卷 174 张鷟《太史令杜淹教男私习天文兼有元象器物被刘建告勘当并实》，第 1773 页。

知名”[1]，故可以肯定，判文中的“杜淹”显然有别于太宗朝的御史大夫杜淹。[2] 至于“太史令杜淹”究为何朝何时所任，不得而知。还要看到，现存的唐人判文，主要是供考试人员参考的范文及部分考生应试后保留下来的优秀文章，从这个层面上说，判文中“太史令杜淹”未必真有其人。当然，这样的推论尚需史料的进一步佐证。

31. 李仙宗（行太史令）

32. 殷知易（试太史令）

据《旧唐书·李淳风传》，李仙宗为李谚之子、李淳风之孙。淳风卒后，仙宗与其父李谚“并为太史令”。景云三年（712），他以“正议大夫行太史令”的身份与“银青光禄大夫行太史令瞿昙悉达、试太史令殷知易”等人奉敕修造浑仪，“各尽其思，至先天二年（713）岁次赤奋若成”。[3]

[1] 《朝野佥载》卷 1，第 1 页。

[2] 《旧唐书》卷 2《太宗纪》载：“（贞观二年三月）丁卯，遣御史大夫杜淹巡关内诸州。”第 33 页。

[3] 《唐开元占经》卷 1《天体浑宗》，第 14 页。

33. 王原（行太史监司辰）

《大唐王君墓志铭并序》云：“君讳原，琅琊郡人也。……虽志负奇材，而薄从卑宦，以开元三年六月十九日制授君宣义郎、行太史监司辰。观二仪而若须臾，视五辰而如指掌。以开元七年十二月廿五日卒于私第，春秋五十有二。”[1] 据此，王原担任太史监司辰在开元三至七年（715—719）。唐制，宣义郎为文职散官，从七品下；司辰为太史监负责漏刻事务的官员，品级为正九品下。《通典·职官一》载：“凡正官，皆称行、守，其阶高而官卑者称行，阶卑而官高者称守，阶官同者，并无行、守字。”[2] 王原以宣义郎身份担任司辰，属于“阶高而官卑者”，故其官衔中题有“行”字。

34. 瞿昙悉达（行太史令、太史监）

瞿昙悉达，瞿昙罗之子。景云三年他以“银青光禄大夫行太史令”的身份参与浑仪的修造。[3] 开元六年（718）为太史监，在玄宗的授意下主持翻译天竺历法《九执历》，并著有《开元占经》120卷。该书虽为星

[1] 墓志拓片为洛阳师范学院毛阳光教授敬赠，谨致谢忱。

[2] 《通典》卷19《职官一》，第471页。

[3] 《唐开元占经》卷1《天体浑宗》，第14页。

占著作，但它保存了甘氏、石氏和巫咸三家的恒星观测资料，给今人研究天文学史，特别是古代的恒星观测史提供了宝贵的材料，瞿昙悉达也成为唐代杰出的天文学家之一。[1]

35. 大相元太（太史官）

开元十二年四月，玄宗诏令太史监南宫说及太史官大相元太等，“驰传往安南朗蔡蔚等州”，测候日影。[2]

36. 陈玄景（历官）

《新唐书 · 历志三》载，开元十五年，僧一行《大衍历》草成，玄宗“诏特进张说与历官陈玄景等次为《历术》七篇、《略例》一篇、《历议》十篇”。十七年诏令颁行。当时“善算者”瞿昙譔由于没有参与改历，因而颇有怨言。二十一年他联合历官陈玄景，对《大衍历》进行驳斥，认为“《大衍》写《九执历》，其术未尽”，[3] 由此引发了唐历法史上的一宗重要公案。

[1] 陈久金：《瞿昙悉达和他的天文工作》，《自然科学史研究》1985 年第 4 期。

[2] 《唐会要》卷 42《测景》，第 755 页。

[3] 《新唐书》卷 27 上《历志三上》，第 587 页。

37. 郭元诚（行太史监灵台郎）

《大唐故朝散郎前行太史监灵台郎太原郭府君塔铭并序》云："粤若大居士外祖父朝散郎前行太史监灵台郎太原郡郭元诚，字彦，五戒清净，六根明察。……居太常之斋，发知足之诚，谢灵台之禄。……春秋七十有四，以开元十八年三月十二日终于常乐私第。"[1]按，唐制，灵台郎，本为天文博士，长安二年（702）武后并省天文博士，而以灵台郎当其职，"掌观天文之变而占候之"，并负责天文生和天文观生的教授和培养。景龙二年，睿宗改太史局为太史监，景云二年又为太史局，逾月改为太史监，岁中又恢复为太史局。比较起来，玄宗朝太史监持续的时间较长。即开元二年，玄宗改太史局为太史监，十五年又改为太史局，仍隶秘书省。据此，郭元诚任太史监灵台郎或在睿宗景龙二年至景云二年（708—711），或在玄宗开元二至十五年（714—727）。

38. 桓执圭（太史令）

开元二十一年（733），为解决《大衍历》与《九执

[1] 《唐代墓志汇编续集》，第544—545页。

历》之间的公案，玄宗“诏侍御史李麟、太史令桓执主较灵台候簿，《大衍》十得七、八，《麟德》才三、四，《九执》一、二焉”。[1]《大衍历》最终以较高的准确度而确立了其在历法学中的重要地位。

39. 史元晏（知太史监事）

李林甫《进御刊定礼记月令表》曰：“乃命集贤院学士尚书左仆射兼右相吏部尚书李林甫、门下侍郎陈希烈、中书侍郎徐安贞、直学士起居舍人刘光谦、宣城郡司马齐光乂、河南府仓曹参军陆善经、修撰官家令寺丞兼知太史监事史元晏、待制官安定郡别驾梁令瓒等为之注解。”[2]按，天宝元年（742）八月，“吏部尚书兼右相李林甫加尚书左仆射”，十二载二月，“追削故右相李林甫在身官爵”。[3]据此，《月令表》当作于天宝元年至十二载（742—753），史元晏知太史监事应在此时。

40. 南宫沛（司天监）

乾元元年（758）四月，荧惑、镇星、太白合于营室。

[1] 《新唐书》卷 27 上《历志三上》，第 587 页。

[2] 《全唐文》卷 345 李林甫《进御刊定礼记月令表》，第 3508 页。

[3] 《旧唐书》卷 9《玄宗纪》，第 215 页、第 226 页。

太史南宫沛奏:“所合之处战不胜，大人恶之，恐有丧祸。”第二年，郭子仪等九节度之师自溃于相州。[1] 按，这次天象发生在四月，而天文机构自三月已改名为司天台，[2] 长官为司天监，故“太史南宫沛”的记载有失准确，应以“司天监南宫沛”为是。

41. 瞿昙譔(直太史监、司天台秋官正、司天少监、司天监)

瞿昙譔，瞿昙悉达之子。《唐故银青光禄大夫司天监瞿昙公(譔)墓志铭并序》云:“公即太史府君第四子也。……以武举及第，授扶风郡山泉府别将，恩旨直太史监，历鄜州三川府左果毅，转秋官正，兼知占候事。及国家改太史监为司天台，有诏委公。纂叙前业，发挥秘典，以赐绯鱼袋，寻正授朝散大夫守本司少监。……今上登宝位，正乾纲，以公代掌羲和之官，家习天人之学，将加宠位，必籍举能，迁司天监。”[3]

---

[1] 《旧唐书》卷 36《天文志下》，第 1324 页。

[2] 《旧唐书》卷 10《肃宗纪》载:“(乾元元年)三月辛卯，太史监为司天台，取承宁坊张守珪宅置，仍补官员六十人。”(第 251 页)其中“三月辛卯”，池田温《唐代诏敕目录》考为“三月十九日”。参见〔日〕池田温:《唐代诏敕目录》，三秦出版社，1991，第 272 页。

[3] 《唐代墓志汇编》下册，第 1791 页。

可见，早在乾元元年肃宗天文机构改革前，瞿昙譔“直太史监”，已经在天文机构任职。前已提及，开元二十一年，他曾以“善算者”的身份非难《大衍历》，说明当时已经很有地位。上元二年（761）瞿昙譔任司天台秋官正，他通过太阳亏（日食）的天象预测史思明必然败亡。[1]秋官正，唐司天台五官正之一。乾元元年，肃宗置春官、夏官、秋官、冬官、中官正各一人，副正各一人，“掌司四时，各司其方之变异”[2]。按照时间和方位的特定对应关系来划分职责，他们各司其方，各占其候。就时间（四时）而言，五官正、副正分别负责春、夏、秋、冬四季及季夏的“天文气色之变”；若按空间（方位）来说，春、夏、秋、冬官正又分别掌管着全天星空东方、南方、西方和北方的“风云气色之异”，而中官正则对中央地带（即天顶附近星区）的“天文变异”进行观测、记录和占候。[3]按照这样的职司划分，司天台秋官正主要负责一年中秋季以

---

[1] 《旧唐书》卷36《天文志下》，第1324页。

[2] 《新唐书》卷47《百官志二》，第1216页。

[3] 赵贞：《乾元元年（758）肃宗的天文机构改革》，《人文杂志》2007年第6期。

及大唐西方地区异常天象的观测、记录和占卜。宝应元年（762）瞿昙譔迁为司天少监，他上表请求代宗裁减司天台内的天文官员。[1] 广德年间，瞿昙譔官至司天监。大历十一年（776）四月卒。

42. 瞿昙晏（司天台冬官正）

《通志·氏族略》诸方复姓条载："西域天竺国人。唐司天监瞿昙误，子晏，为冬官正。"[2] 这里"误"，当为"譔"之误。《大唐故瞿昙公（譔）墓志铭》云："有子六人：长曰升，次曰昪、昱、晃、晏、昴，皆克荷家声，早登宦籍，哀缠怙恃，悲集荼蓼。"[3] 瞿昙晏为瞿昙譔第五子，曾担任司天台冬官正职务，负责一年中冬季以及大唐北方地区各种异常天象的观测与占候。

43. 韩颖（直司天台、司天监）

《新唐书·历志》云："至肃宗时，山人韩颖上言《大衍历》或误。帝疑之，以颖为太子宫门郎，直司天台。

[1] 《旧唐书》卷 36《天文志下》，第 1336 页。
[2] 〔宋〕郑樵撰，王树民点校：《通志二十略》，中华书局，1995，第 183 页。
[3] 《唐代墓志汇编》下册，第 1791 页。

又损益其术，每节增二日，更名《至德历》。”[1]新历取名“至德”，说明历法在至德年间修成，由此推断，韩颖“直司天台”应在至德元载（756）以后。乾元元年，韩颖以天文特长而待诏翰林，由于深得帝王信任，故而参与了肃宗主持的天文机构改革。从《唐会要》“权知司天台”和《通典》“知司天台”的记载来看，他还不是真正的司天台长官。上元二年（761），韩颖通过“月掩昴”的天象预言史思明及其部众即将灭亡，[2]是时他已跃居司天台的最高长官——司天监了。

44. 高抱素（直司天台通玄院）

45. 赵非熊（知司天台冬官正）

肃宗上元二年（761），“直司天台通玄院”高抱素和“试太子洗马兼知司天台冬官正”赵非熊涉嫌歧王珍的谋叛活动，肃宗诏敕，高、赵二人与其他贰臣一

[1] 《新唐书》卷27下《历志三下》，第635页。

[2] 《旧唐书》卷36《天文志下》载：“其年建子月癸巳亥时一鼓二筹后，月掩昴，出其北，兼白晕；毕星有白气从北来贯昴。司天监韩颖奏曰：‘按石申占，“月掩昴，胡王死”。又“月行昴北，天下福”。臣伏以三光垂象，月为刑杀之征。二石歼夷，史官常占。毕、昴为天纲，白气兵丧，掩其星则大破胡王，行其北则天下有福。巳为周分，癸主幽、燕，当羯胡窃据之郊，是残寇灭亡之地。’明年，史思明为其子朝义所杀。”第1325页。

道，特宜处死。[1] 按，通玄院，乾元元年肃宗所置。《旧唐书·天文志》载："司天台内别置一院，曰通玄院。应有术艺之士，征辟至京，于崇（通）玄院安置。"[2] 这里"通玄"，或与天文玄象有关。史载，武后垂拱二年（686），"有鱼保宗者，上书请置匦以受四方之书"，举凡有违劝农、时政，或者冤屈以及谋叛等，均可上告。其中北方黑匦曰"通玄"，"告天文、秘谋者投之"。[3] 显然，"通玄"指精通天文玄象或与此相关者，"通玄院"即是安置谙熟天文玄象的"术艺之士"的专门机构。

46. 郭献之（司天台官属）

《新唐书·历志》载，宝应元年，"代宗以《至德历》不与天合，诏司天台官属郭献之等，复用《麟德》元纪，更立岁差，增损迟疾、交会及五星差数，以写《大衍》旧术"。[4]

---

[1] 《旧唐书》卷 95《惠文太子范传》，第 3017 页；《全唐文》误将《免歧王珍为庶人制》归入高宗诏令，参见《全唐文》卷 11《免歧王珍为庶人制》，第 138 页。

[2] 《旧唐书》卷 36《天文志下》，第 1335 页。

[3] 《新唐书》卷 47《百官志二》，第 1206 页。

[4] 《新唐书》卷 29《历志五》，第 695 页。

47. 李素（司天监）

《大唐故李府君墓志铭》云："公讳素，字文贞，西国波斯人也。……呜呼！公往日历司天监，转汾、晋二州长史，……时元和十二年岁次丁酉十二月十七日终于静恭里也。享年七十有四。"[1] 据荣新江先生研究，大历年间，波斯人李素因天文历算特长而被征召入京，任职于司天台，前后五十余年，经历代宗、德宗、顺宗、宪宗四朝，最终以"行司天台兼晋州长史翰林待诏"的身份，于元和十二年（817）十二月去世。[2]

48. 徐承嗣（司天少监、司天监）

《资治通鉴》建中三年（782）条载："司天少监徐承嗣请更造《建中正元历》；从之。"[3] 四年正月，德宗"以《建中元历》二十八卷示百寮。初，司天少监徐承嗣奏来年岁次甲子，应上元首，请修新历，至是成。群臣称贺"[4]。贞元八年（792）十一月壬子朔，日有蚀之，上不视朝。司天监徐承嗣奏："据历数，合蚀八分，

[1] 《唐代墓志汇编》下册，第 2039—2040 页。

[2] 《一个入仕唐朝的波斯景教家族》，第 248 页。

[3] 《资治通鉴》卷 227 德宗建中三年（782）条，第 7337 页。

[4] 《册府元龟》卷 107《帝王部·朝会一》，第 1278 页。

今退蚀三分，计减强半。准古，君盛明则阴匿而潜退。请宣示朝廷，编诸史册。”[1] 是时已经官至司天监了。

49. 杨景风（司天台夏官正）

《新唐书·历志》云：“德宗时，《五纪历》气朔加时稍后天，推测星度与《大衍》差率颇异。诏司天徐承嗣与夏官正杨景风等，杂《麟德》、《大衍》之旨治新历。”[2] 按，夏官正，司天台内专司每年夏季变异天象的占候，同时还负责大唐南方地区风云气色的观测与占卜。在天文学史上，杨景风的业绩不只以“司天台夏官正”的身份参与了《建中元历》的推演和修造，他的另一贡献是对公元 759 年不空和尚翻译的佛教占星著作《宿曜经》作了注释。[3] 由于不空是他的老师，故杨景风也是一位不折不扣的佛教天文学家。

50. 徐昂（司天监）

《新唐书·历志六》载：“宪宗即位，司天徐昂上新历，名曰《观象》。起元和二年用之。”[4] 这里“司天”

---

[1] 《唐会要》卷 42《日蚀》，第 760 页。

[2] 《新唐书》卷 29《历志五》，第 716 页。

[3] 《中国科学技术史》第 4 卷《天学》，第 74—75 页、第 198 页。

[4] 《新唐书》卷 30《历志六》，第 739 页。

即司天监，说明徐昂是当时司天台的最高长官。

51. 徐升（司天少监）

《新唐书 · 艺文志》云："《长庆算五星所在宿度图》一卷，司天少监徐升。"[1] 可知穆宗长庆中（821—824），徐升曾任司天少监之职。

52. 朱子容（司天监）

开成二年（837）三月，彗星屡屡出现，连绵不断，文宗召司天监朱子容询问星变缘由。子容对答说："彗主兵旱，或破四夷，古之占书也。然天道悬远，唯陛下修政以抗之。"[2]

53. 李景亮（司天监）

《大唐故李府君（素）墓志铭》云："以贞元八年，礼娉卑失氏，帝封为陇西郡夫人。有子四人，女二人。长子景亮，袭先君之艺业，能博学而攻文，身没之后，此乃继体。……帝泽不易，恩渥弥深，遂召子景亮讯问玄微，对扬无□，擢升禄秩，以续阙如，起服拜翰林待诏、襄州南漳县尉。"[3] 按，李素有王氏和卑失氏

---

[1] 《新唐书》卷 59《艺文志三》，第 1545 页。

[2] 《旧唐书》卷 36《天文志下》，第 1333 页。

[3] 《唐代墓志汇编》下册，第 2039—2040 页。

两位夫人，王氏有子三人，女一人，不过“长子及女早岁沦亡”。卑失氏有子四人，女二人，其中李景亮即卑失氏长子，在李素六子中排名老三。据赖瑞和研究，李景亮与其父仕宦经历比较相近，同样以翰林待诏起家，转而任职司天台，最后担任了天文机构的最高长官——司天监。[1]李商隐《为荥阳公贺老人星见表》云：“臣得本道进奏院状报，司天监李景亮奏，八月六日寅时，老人星见于南极，其色黄明润大者。”[2]这里“荥阳公”即桂管观察使郑亚，李商隐为桂管幕府的观察判官是在大中元年至二年（847—848）。[3]据此，大中元年（847）李景亮已经担任了司天监的职务。大中九年（855），他以“日官”的身份预言“文星暗，科场当

[1] 《唐代的翰林待诏和司天台：关于〈李素墓志〉和〈卑失氏墓志〉的再考察》，第315—342页。

[2] 《全唐文》卷772李商隐《为荥阳公贺老人星见表》，第8041页。

[3] 《旧唐书》卷190下《李商隐传》：“会给事中郑亚廉察桂州，请为观察判官、检校水部员外郎。……亚坐德裕党，亦贬循州刺史。商隐随亚在岭表累载。”（第5078页）同书卷18下《宣宗纪》载，大中元年二月，“以给事中郑亚为桂州刺史、御史中丞、桂管防御观察等使”（第617页）。二年二月，“桂州刺史、御史中丞、桂管防御观察使郑亚贬循州刺史”（第619页）。如此，李商隐随从郑亚当在大中元年至二年间（847—848）。

有事”，[1] 是时仍在司天台任职。

54. 高公（灵台司辰官）

据《颍川陈氏夫人墓志铭》记载，陈氏夫君高公曾经担任“灵台司辰官”的职务。按，灵台，即灵台郎，“掌观天文之变而占候之”，负责异常天象的观测与占卜。司辰，《唐六典》称：“司辰十九人，正九品下。”注曰：“掌漏刻事。”[2] 即负责漏刻计时的天文官员。又志文称，陈氏“乾符六年四月二十日终于京兆醴泉里从夫之私第”。[3] 其夫高公任职司天台，究在何朝何时，不明。

55. 胡秀林（司天少监、司天监）

《新唐书·历志》载：“昭宗时，《宣明历》施行已久，数亦渐差，诏太子少詹事边冈与司天少监胡秀林、均州司马王墀改治新历，然术一出于冈。”[4] 景福元年（892）新历修成后，昭宗赐名《崇玄历》，诏令颁行全国，统一使用。“光化中，迁司天监”，唐亡后转仕前蜀，“仍

[1] 〔宋〕钱易撰，黄寿成点校：《南部新书》戊卷，中华书局，2002，第 70 页。

[2] 《唐六典》卷 10《太史局》，第 305 页。

[3] 《唐代墓志汇编续集》，第 1137—1138 页。

[4] 《新唐书》卷 30 下《历志六下》，第 771 页。

官司天监”,[1]“别造《永昌正象历》,推步之妙,天下一人”[2]。

56. 王墀(司天监)

如上所引,昭宗授意《崇玄历》的修造中,“均州司马”王墀也参与了这项工作。天祐元年(904),王墀官至司天监,由于他竭力通过星象的变化来阻挠朱全忠挟持昭宗迁都洛阳的计划,朱温指使心腹僚属诬陷“医官使阎佑之、司天监王墀、内都知韦周、晋国夫人可证等谋害元帅”,迫使昭宗下诏,最终将他们处死。[3]

57. 朱奉(司天监)

陈振孙《直斋书录解题》收录《青罗立成历》一卷,题曰:“司天监朱奉奏。据其历,‘起贞元十年甲戌入历,至今乾宁四年丁巳’,则是唐末人。”[4]

---

[1] 〔清〕吴任臣撰:《十国春秋》卷45《前蜀十一·胡秀林传》,中华书局,1983,第653页。

[2] 〔五代〕孙光宪撰,贾二强点校:《北梦琐言》卷1《蜀后主王衍拜唐》,中华书局,2002,第389—390页;《太平广记》卷163《谶应·唐国闰》,第1186—1187页。

[3] 《资治通鉴》卷264昭宗天祐元年(904)四月条,第8630页。

[4] 《直斋书录解题》卷12《阴阳家类》,第373页。

参考文献

古籍文献

[1]〔汉〕司马迁撰:《史记》,中华书局,1959年版。

[2]〔汉〕班固撰,〔唐〕颜师古注:《汉书》,中华书局,1964年版。

[3]〔宋〕范晔撰,〔唐〕李贤等注:《后汉书》,中华书局,1965年版。

[4]〔唐〕房玄龄等撰:《晋书》,中华书局,1974年版。

[5]〔唐〕魏征等撰:《隋书》,中华书局,1973年版。

[6]〔唐〕李淳风撰:《乙巳占》,丛书集成初编,中华书局,1985年版。

[7]〔唐〕瞿昙悉达:《唐开元占经》,中国书店,1989年版。

[8]〔唐〕长孙无忌撰,刘俊文笺解:《唐律疏议笺解》,

中华书局，1996 年版。
[9]〔唐〕李林甫等撰，陈仲夫点校:《唐六典》，中华书局，1992 年版。
[10]〔唐〕杜佑撰，王文锦等点校:《通典》，中华书局，1988 年版。
[11]〔唐〕李吉甫撰，贺次君点校:《元和郡县图志》，中华书局，1983 年版。
[12]〔唐〕中敕撰:《大唐开元礼》，民族出版社，2000 年版。
[13]〔唐〕刘悚撰，程毅中点校:《隋唐嘉话》，中华书局，1979 年版。
[14]〔唐〕张鷟撰，赵守俨点校:《朝野佥载》，中华书局，1979 年版。
[15]〔唐〕白居易著，顾学颉校点:《白居易集》，中华书局，1979 年版。
[16]〔唐〕元稹著，冀勤点校:《元稹集》，中华书局，1982 年版。
[17]〔唐〕温大雅撰，李季平、李锡厚点校:《大唐创业起居注》，上海古籍出版社，1983 年版。
[18]〔唐〕王勃著，〔清〕蒋清翊注:《王子安集注》，

上海古籍出版社，1995 年版。
[19]〔唐〕杜甫著，〔清〕仇兆鳌注：《杜诗详注》，中华书局，1979 年版。
[20]〔日〕释圆仁原著，白化文、李鼎霞、许德楠校注：《入唐求法巡礼行记校注》，花山文艺出版社，2007 年版。
[21]〔唐〕王焘撰，高文铸校注：《外台秘要方校注》，学苑出版社，2011 年版。
[22]〔唐〕黄子发撰：《相雨书》，丛书集成初编，中华书局，1985 年版。
[23]〔唐〕李涪撰：《李涪刊误》，丛书集成初编，中华书局，1991 年版。
[24]〔五代〕孙光宪撰，贾二强点校：《北梦琐言》，中华书局，2002 年版。
[25]〔后晋〕刘昫等撰：《旧唐书》，中华书局，1975 年版。
[26]〔宋〕欧阳修、宋祁撰：《新唐书》，中华书局，1975 年版。
[27]〔宋〕薛居正撰：《旧五代史》，中华书局，1976 年版。

[28]〔宋〕欧阳修撰,〔宋〕徐无党注:《新五代史》,中华书局,1974 年版。

[29]〔宋〕司马光编著,〔元〕胡三省音注:《资治通鉴》,中华书局,1956 年版。

[30]〔宋〕范祖禹撰,吕祖谦音注:《唐鉴》,上海古籍出版社,1981 年版。

[31]〔宋〕宋敏求编:《唐大诏令集》,商务印书馆,1959 年版。

[32]〔宋〕王溥撰:《唐会要》,中华书局,1955 年版。

[33]〔宋〕李昉等编:《太平广记》,中华书局,1961 年版。

[34]〔宋〕李昉等编:《文苑英华》,中华书局,1966 年版。

[35]〔宋〕李昉等撰:《太平御览》,中华书局,1960 年版。

[36]〔北宋〕王钦若等编:《册府元龟》,中华书局,1960 年版。

[37]〔宋〕郑樵撰,王树民点校:《通志二十略》,中华书局,1995 年版。

[38]〔宋〕王应麟纂:《玉海》,上海书店、江苏古籍

出版社，1988 年版。
[39]〔宋〕王谠撰，周勋初校证:《唐语林校证》，中华书局，1987 年版。
[40]〔宋〕钱易撰，黄寿成点校:《南部新书》，中华书局，2002 年版。
[41]〔宋〕王应麟著，〔清〕翁元圻等注，栾保群等校点:《困学纪闻》，上海古籍出版社，2008 年版。
[42]〔宋〕陈振孙撰，徐小蛮、顾美华点校:《直斋书录解题》，上海古籍出版社，2015 年版。
[43]〔元〕脱脱等撰:《宋史》，中华书局，1977 年版。
[44]〔清〕顾炎武著，黄汝成集释，栾保群、吕宗力校点:《日知录集释》，上海古籍出版社，2006 年版。
[45]〔清〕彭定求等校点:《全唐诗》，中华书局，1960 年版。
[46]〔清〕董诰等编:《全唐文》，中华书局，1983 年版。
[47]〔清〕赵绍祖撰:《新旧唐书互证》，丛书集成初编，中华书局，1985 年版。
[48]〔清〕徐松撰，〔清〕张穆校补，方严点校:《唐两京城坊考》，中华书局，1985 年版。

[49]〔清〕吴任臣撰:《十国春秋》，中华书局，1983年版。
[50]〔清〕阮元校刻:《十三经注疏》，中华书局，1980年版。
[51]〔清〕阮元等撰，彭卫国、王原华点校:《畴人传汇编》，广陵书社，2009年版。
[52]〔清〕李光地等撰:《钦定星历考原》，四库术数类丛书(九)，上海古籍出版社，1991年版。
[53]《续修四库全书》第1040册，上海古籍出版社，2002年版。
[54] 薄树人主编:《中国科学技术典籍通汇·天文卷》，河南教育出版社，1993年版。
[55]《北京图书馆古籍珍本丛刊》第61册，书目文献出版社，1989年版。
[56]《北京图书馆古籍珍本丛刊》第92册，书目文献出版社，1991年版。
[57] 北京图书馆出版社古籍影印室编:《国家图书馆藏明代大统历日汇编》第1册，北京图书馆出版社，2007年版。
[58] 天一阁博物馆、中国社会科学院历史研究所天

圣令整理课题组校证:《天一阁藏明钞本天圣令校证(附唐令复原研究)》,中华书局,2006年版。

[59]《日本书纪》,《国史大系》第1卷,经济杂志社,1897年印行。

[60]《续日本纪》,《国史大系》第2卷,经济杂志社,1897年印行。

[61]《日本三代实录》,《国史大系》第4卷,经济杂志社,1897年印行。

[62]《类聚三代格》,《国史大系》第12卷,经济杂志社,1900年印行。

[63]《大正新修大藏经》,大正一切经刊行会,1934年印行。

出土文献图录及辑校

[1] 国家文物局古文献研究室等编:《吐鲁番出土文书》第5—8册,文物出版社,1983—1987年版。

[2] 中国社会科学院历史研究所等编:《英藏敦煌文献》第3—14卷,四川人民出版社,1990—1995年版。

[3] 俄罗斯科学院东方研究所圣彼得分所等编:《俄藏敦煌文献》第10册，上海古籍出版社，1998年版。
[4] 周绍良主编:《唐代墓志汇编》，上海古籍出版社，1992年版。
[5] 唐长孺主编:《吐鲁番出土文书》(壹—肆)，文物出版社，1992—1996年版。
[6] 周绍良、赵超主编:《唐代墓志汇编续集》，上海古籍出版社，2001年版。
[7] 上海古籍出版社、法国国家图书馆编:《法藏敦煌西域文献》第14—34册，上海古籍出版社，2001—2005年版。
[8] 荣新江、李肖、孟宪实主编:《新获吐鲁番出土文献》，中华书局，2008年版。
[9] 日本武田科学振兴财团编集:《杏雨书屋藏敦煌秘笈》影片册1，はまや印刷株式会社，2009年版。
[10] 中国国家图书馆编:《国家图书馆藏敦煌遗书》第146册，国家图书馆出版社，2012年版。
[11] 黄永武主编:《敦煌丛刊初集》第7册，新文丰

出版公司，1987 年版。

[12] 唐耕耦、陆宏基编:《敦煌社会经济文献真迹释录》第 3 辑，全国图书馆文献缩微复制中心，1990 年印行。

[13] 邓文宽辑校:《敦煌天文历法文献辑校》，江苏古籍出版社，1996 年版。

[14] 马继兴辑校:《敦煌医药文献辑校》，江苏古籍出版社，1998 年版。

[15] 郝春文编著:《英藏敦煌社会历史文献释录》第 3—13 卷，社会科学文献出版社，2003—2015 年版。

[16] 关长龙:《敦煌本堪舆文书研究》，中华书局，2013 年版。

学术著作

[1] 北京天文台主编:《中国古代天象记录总集》，江苏科学技术出版社，1988 年版。

[2] 陈来:《古代思想文化的世界：春秋时代的宗教、伦理与社会思想》，生活·读书·新知三联书店，2002 年版。

[3] 陈美东:《古历新探》，辽宁教育出版社，1995年版。

[4] 陈美东:《中国科学技术史·天文学卷》，科学出版社，2003年版。

[5] 陈美东:《中国古代天文学思想》，中国科学技术出版社，2007年版。

[6] 陈晓中、张淑莉:《中国古代天文机构与天文教育》，中国科学技术出版社，2008年版。

[7] 陈遵妫:《中国天文学史》，上海人民出版社，2016年版。

[8] 〔日〕池田温著，孙晓林等译:《唐研究论文选集》，中国社会科学出版社，1999年版。

[9] 〔英〕崔瑞德编，中国社会科学院历史研究所西方汉学研究课题组译:《剑桥中国隋唐史》，中国社会科学出版社，1990年版。

[10] 邓文宽:《敦煌吐鲁番天文历法研究》，甘肃教育出版社，2002年版。

[11] 邓文宽:《邓文宽敦煌天文历法考索》，上海古籍出版社，2010年版。

[12] 何兆武主编，刘鑫等编译:《历史理论与史学

理论：近现代西方史学著作选》，商务印书馆，1999 年版。

[13] 黄一农:《社会天文学史十讲》，复旦大学出版社，2004 年版。

[14] 黄正建:《敦煌占卜文书与唐五代占卜研究》增订版，中国社会科学出版社，2014 年版。

[15] 江晓原:《天学真原》，辽宁教育出版社，1991 年版。

[16] 江晓原:《天学外史》，上海人民出版社，1999 年版。

[17] 江晓原:《江晓原自选集》，广西师范大学出版社，2001 年版。

[18] 江晓原、钮卫星:《回天：武王伐纣与天文历史年代学》，上海人民出版社，2000 年版。

[19] 江晓原、钮卫星:《中国天学史》，上海人民出版社，2005 年版。

[20] 李锦绣:《唐代制度史略论稿》，中国政法大学出版社，1998 年版。

[21] 李廷举、吉田忠主编:《中日文化交流史大系·科技卷》，浙江人民出版社，1996 年版。

[22]〔英〕李约瑟:《中国科学技术史·天学》，科学出版社，1975年版。

[23]〔英〕李约瑟原著，〔英〕柯林·罗南改编，上海交通大学科学史系译:《中华科学文明史》第2卷，上海人民出版社，2002年版。

[24] 钮卫星:《天文与人文》，上海交通大学出版社，2011年版。

[25]〔日〕桥本敬造著，王仲涛译:《中国占星术的世界》，商务印书馆，2012年版。

[26] 曲安京、纪志刚、王荣彬:《中国古代数理天文学探析》，西北大学出版社，1994年版。

[27] 曲安京:《中国数理天文学》，科学出版社，2008年版。

[28]〔日〕仁井田陞原著，栗劲等编译:《唐令拾遗》，长春出版社，1989年版。

[29]〔日〕仁井田陞著，池田温等编集:《唐令拾遗补(附唐日两令对照一览)》，东京大学出版会，1997年版。

[30]〔日〕薮内清:《增订隋唐历法史の研究》，临川书店，1989年版。

[31] 孙猛:《日本国见在书目录详考》，上海古籍出版社，2015年版。
[32] 谭蝉雪:《敦煌岁时文化导论》，新文丰出版公司，1998年版。
[33] 唐锡仁、杨文衡主编:《中国科学技术史·地学卷》，科学出版社，2000年版。
[34] 王寿南:《唐代人物与政治》，文津出版社，1999年版。
[35] 席泽宗:《科学史十论》，复旦大学出版社，2003年版。
[36] 张培瑜等:《中国古代历法》，中国科学技术出版社，2007年版。
[37] 赵贞:《归义军史事考论》，北京师范大学出版社，2010年版。
[38] 赵贞:《唐宋天文星占与帝王政治》，北京师范大学出版社，2016年版。
[39] 赵贞:《敦煌文献与唐代社会文化研究》，北京师范大学出版社，2017年版。
[40] 中国大百科全书总编辑委员会《天文学》编辑委员会、中国大百科全书出版社编辑部编:《中

国大百科全书：天文学》，中国大百科全书出版社，1980 年版。
[41] 朱文鑫:《历法通志》，商务印书馆，1934 年版。
[42] 朱文鑫:《天文学小史》，上海书店出版社，2013 年版。

学术论文

[1] 陈昊:《"历日"还是"具注历日"：敦煌吐鲁番历书名称与形制关系再讨论》,《历史研究》2007 年第 2 期。
[2] 陈昊:《吐鲁番台藏塔新出唐代历日研究》,《敦煌吐鲁番研究》第 10 卷，上海古籍出版社，2007 年版。
[3] 陈久金:《瞿昙悉达和他的天文工作》,《自然科学史研究》1985 年第 4 期。
[4] 陈久金:《符天历研究》,《自然科学史研究》1986 年第 1 期。
[5] 陈祚龙:《中世敦煌与成都之间的交通路线》,《敦煌学》第 1 辑，香港新亚研究所敦煌学会，1974 年印行。

[6] 邓文宽:《敦煌吐鲁番历日略论》,《传统文化与现代化》1993 年第 3 期。

[7] 邓文宽:《敦煌三篇具注历日佚文校考》,《敦煌研究》2000 年第 3 期。

[8] 邓文宽:《传统历书以二十八宿注历的连续性》,《历史研究》2000 年第 6 期。

[9] 邓文宽:《金天会十三年乙卯岁(1135 年)历日疏证》,《文物》2004 年第 10 期。

[10] 邓文宽:《敦煌具注历日选择神煞释证》,《敦煌吐鲁番研究》第 8 卷,中华书局,2005 年版。

[11] 邓文宽:《两篇敦煌具注历日残文新考》,《敦煌吐鲁番研究》第 13 卷,上海古籍出版社,2013 年版。

[12]〔日〕高田时雄著,钟翀等译:《五姓说之敦煌资料》,《敦煌·民族·语言》,中华书局,2005 年版。

[13] 关增建:《日食观念与古代中国社会述要》,郑州大学历史研究所编:《高敏先生七十华诞纪念文集》,中州古籍出版社,2001 年版。

[14] 关增建:《李淳风及其〈乙巳占〉的科学贡献》,

《郑州大学学报》(哲学社会科学版)2002年第1期。
[15]〔法〕华澜:《简论中国古代历日中的廿八宿注历》,《敦煌吐鲁番研究》第7卷,中华书局,2004年版。
[16]〔法〕华澜著,李国强译:《敦煌历日探研》,中国文物研究所编:《出土文献研究》第7辑,上海古籍出版社,2005年版。
[17]〔法〕华澜:《9至10世纪敦煌历日中的选择术与医学活动》,《敦煌吐鲁番研究》第9卷,中华书局,2006年版。
[18]何启龙:《〈授时历〉具注历日原貌考:以吐鲁番、黑城出土元代蒙古文〈授时历〉译本残页为中心》,《敦煌吐鲁番研究》第13卷,上海古籍出版社,2013年版。
[19]黄一农:《星占、事应与伪造天象:以“荧惑守心”为例》,《自然科学史研究》1991年第2期。
[20]黄一农:《敦煌本具注历日新探》,《新史学》1992年第4期。
[21]江晓原:《东来七曜术(上)》,《中国典籍与文化》

1995 年第 2 期。

[22] 江晓原:《六朝隋唐传入中土之印度天学》,《汉学研究》1992 年第 2 期。

[23] 江晓原:《中国古代天学之官营传统》,《杭州师范学院学报》2002 年第 3 期。

[24] 赖瑞和:《唐代的翰林待诏和司天台:关于〈李素墓志〉和〈卑失氏墓志〉的再考察》,荣新江主编:《唐研究》第 9 卷,北京大学出版社,2002 年版。

[25] 柳洪亮:《新出麴氏高昌历书试析》,《西域研究》1993 年第 2 期,收入《新出吐鲁番文书及其研究》,新疆人民出版社,1997 年版。

[26] 刘世楷:《七曜历的起源:中国天文学史上的一个问题》,《北京师范大学学报》(自然科学版)1959 年第 4 期。

[27] 〔法〕茅甘:《敦煌写本中的“五姓堪舆法”》,《法国学者敦煌学论文选萃》,中华书局,1993 年版。

[28] 〔日〕妹尾达彦:《唐代长安东市民间的印刷业》,《中国古都学会第十三届年会论文集》,1995 年版。

[29] 钮卫星:《汉唐之际历法改革中各作用因素之分析》,《上海交通大学学报》(哲学社会科学版)2004 年第 5 期。

[30] 钮卫星:《〈符天历〉历元问题再研究》,《自然科学史研究》2017 年第 1 期。

[31] 仇鹿鸣:《五星会聚与安史起兵的政治宣传:新发现燕〈严复墓志〉考释》,《复旦学报》2011 年第 2 期。

[32] 荣新江:《一个入仕唐朝的波斯景教家族》,《中古中国与外来文明》,生活·读书·新知三联书店,2001 年版。

[33] 施萍亭:《敦煌历日研究》,敦煌文物研究所编:《1983 年全国敦煌学术讨论会文集》文史·遗书编上,甘肃人民出版社,1987 年版。

[34] 史玉民、魏则云:《中国古代天学机构沿革考略》,《安徽史学》2000 年第 4 期。

[35] 史玉民:《论中国古代天学机构的基本特征》,《中国文化研究》2001 年第 4 期。

[36]〔日〕藤枝晃:《敦煌历日谱》,《东方学报》1973 年第 45 期。

[37] 王宝娟:《唐代的天文机构》,《中国天文学史文集》第5集，科学出版社，1989年版。
[38] 王重民:《敦煌本历日之研究》,《东方杂志》1937年第34卷第9号，收入氏著《敦煌遗书论文集》，中华书局，1984年版。
[39] 王立兴:《纪时制度考》,《中国天文学史文集》第4集，科学出版社，1986年版。
[40] 王勇:《唐历在东亚的传播》,《台大历史学报》2002年第30期。
[41] 韦兵:《竞争与认同：从历日颁赐、历法之争看宋与周边民族政权的关系》,《民族研究》2008年第5期。
[42] 席泽宗:《中国古代天文学的社会功能》，收入氏著《科学史十论》，复旦大学出版社，2003年版。
[43] 张嘉凤:《汉唐时期的天文机构与活动、天文知识的传承与资格》,《法国汉学》第6辑（科技史专号），中华书局，2002年版。
[44] 张培瑜:《黑城新出天文历法文书残页的几点附记》,《文物》1988年第4期。

[45] 张培瑜、卢央:《黑城出土残历的年代和有关问题》,《南京大学学报》1994 年第 2 期。

[46] 赵贞:《“九曜行年” 略说: 以 P.3779 为中心》,《敦煌学辑刊》2005 年第 3 期。

[47] 赵贞:《乾元元年(758)肃宗的天文机构改革》,《人文杂志》2007 年第 6 期。

[48] 赵贞:《唐代的天文观测与奏报》,《社会科学战线》2009 年第 5 期。

[49] 赵贞:《S.P12〈上都东市大刀家印具注历日〉残页考》,《敦煌研究》2015 年第 3 期。

[50] 赵贞:《〈宿曜经〉所见“七曜占”考论》,《人类学研究》第 8 卷,浙江大学出版社,2016 年版。

[51] 赵贞:《敦煌具注历日中的漏刻标注探研》,《敦煌学辑刊》2017 年第 3 期。

[52] 周济:《唐代曹士蒍及其符天历: 对我国科学技术史的一个探索》,《厦门大学学报》1979 年第 1 期。